鄔錫非 注譯

新譯六韜讀本

三民書局 印行

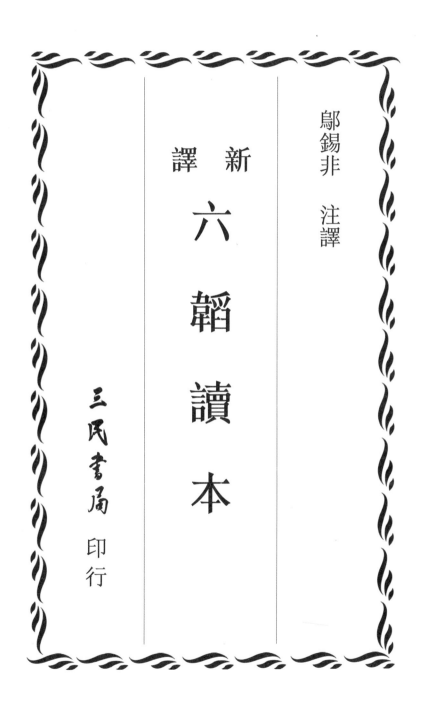

國家圖書館出版品預行編目資料

新譯六韜讀本／鄔錫非注譯.——二版五刷.——臺北市：三民，2021
面； 公分.——(古籍今注新譯叢書)

ISBN 978-957-14-2221-3 （平裝）
1.六韜—注釋

592.0915

古籍今注新譯叢書

新譯六韜讀本

注譯者 鄔錫非
發行人 劉振強
出版者 三民書局股份有限公司
地址 臺北市復興北路 386 號(復北門市)
臺北市重慶南路一段 61 號(重南門市)
電話 (02)25006600
網址 三民網路書店 https://www.sanmin.com.tw

出版日期 初版一刷 1996 年 1 月
初版四刷 2006 年 3 月
二版一刷 2009 年 8 月
二版五刷 2021 年 9 月
書籍編號 S031030
ISBN 978-957-14-2221-3

刊印古籍今注新譯叢書緣起

劉振強

人類歷史發展，每至偏執一端，往而不返的關頭，總有一股新興的反本運動繼起，要求回顧過往的源頭，從中汲取新生的創造力量。孔子所謂的述而不作，溫故知新，以及西方文藝復興所強調的再生精神，都體現了創造源頭這股日新不竭的力量。古典之所以重要，古籍之所以不可不讀，正在這層尋本與啟示的意義上。處於現代世界而倡言讀古書，並不是迷信傳統，更不是故步自封；而是當我們愈懂得聆聽來自根源的聲音，我們就愈懂得如何向歷史追問，也就愈能夠清醒正對當世的苦厄。要擴大心量，冥契古今心靈，會通宇宙精神，不能不由學會讀古書這一層根本的工夫做起。

基於這樣的想法，本局自草創以來，即懷著注譯傳統重要典籍的理想，由第一部的四書做起，希望藉由文字障礙的掃除，幫助有心的讀者，打開禁錮於古老話語中的豐沛寶藏。我們工作的原則是「兼取諸家，直注明解」。一方面熔鑄眾說，擇善而從；一方面也力求明白可喻，達到學術普及化的要求。叢書自陸續出刊以來，頗受各界的喜愛，使我們得到很大的鼓勵，也有信心繼續推廣這項工作。隨著海峽兩岸的交流，我們注譯的成員，也由臺灣各大學的教授，擴及大陸各有專長的學者。陣容的充實，使我們有更多的資源，整理更多樣化的古籍。兼採經、史、子、集四部的要典，重拾對通才器識的重視，將是我們進一步工作的目標。

古籍的注譯，固然是一件繁難的工作，但其實也只是整個工作的開端而已，最後的完成與意義的賦予，全賴讀者的閱讀與自得自證。我們期望這項工作能有助於為世界文化的未來匯流，注入一股源頭活水；也希望各界博雅君子不吝指正，讓我們的步伐能夠更堅穩地走下去。

新譯六韜讀本 目次

刊印古籍今注新譯叢書緣起

附圖

導讀

卷一 文韜

文師第一……三

盈虛第二……一〇

國務第三……一四
大禮第四……一七
明傳第五……二一
六守第六……二三
守土第七……二七
守國第八……三〇
上賢第九……三三
舉賢第十……四〇
賞罰第十一……四三
兵道第十二……四四

卷二　武韜

發啟第十三……四九
文啟第十四……五六
文伐第十五……六一
順啟第十六……六九
三疑第十七……七一

卷三 龍韜

王翼第十八……七七
論將第十九……八三
選將第二十……八七
立將第二十一……九一
將威第二十二……九五

勵軍第二十三……九七
陰符第二十四……一〇〇
陰書第二十五……一〇二
軍勢第二十六……一〇四
奇兵第二十七……一〇九
五音第二十八……一一四
兵徵第二十九……一一九
農器第三十……一二三

卷四　虎韜

軍用第三十一……一二九
三陳第三十二……一四〇

疾戰第三十三……一四二
必出第三十四……一四四
軍略第三十五……一四八
臨境第三十六……一五一
動靜第三十七……一五四
金鼓第三十八……一五七
絕道第三十九……一六〇
略地第四十……一六三
火戰第四十一……一六七
壘虛第四十二……一七〇

卷五　豹韜

林戰第四十三……一七五
突戰第四十四……一七七
敵強第四十五……一八一
敵武第四十六……一八四
鳥雲山兵第四十七……一八七
鳥雲澤兵第四十八……一九〇
少眾第四十九……一九四
分險第五十……一九六

卷六　犬韜

分合第五十一……二〇一
武鋒第五十二……二〇三

練士第五十三……二〇五
教戰第五十四……二〇八
均兵第五十五……二一〇
武車士第五十六……二一五
武騎士第五十七……二一七
戰車第五十八……二一九
戰騎第五十九……二二四
戰步第六十……二二九

附錄

《六韜》佚文……二三五

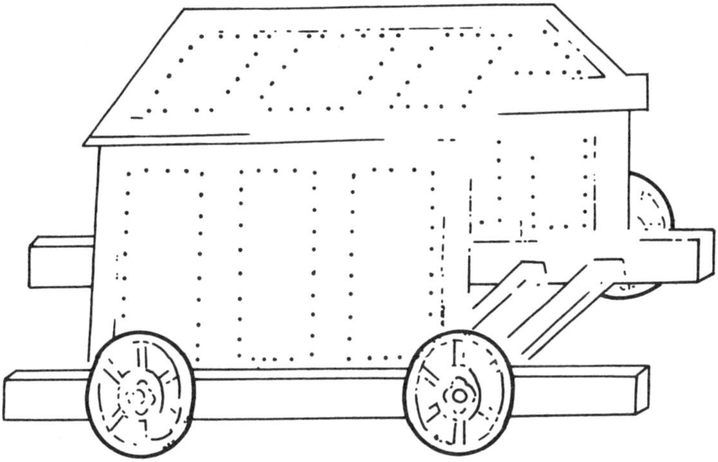

圖一　轒轀車

轒轀車，下虛，上蓋，如斧刃，(其車梯盤勿施枕板，中可容人，著地推車) 載以四輪車，其蓋以獨繩為脊，以生牛皮革蒙之，中可蔽十人，墳隍推之，直抵城下攻壖。

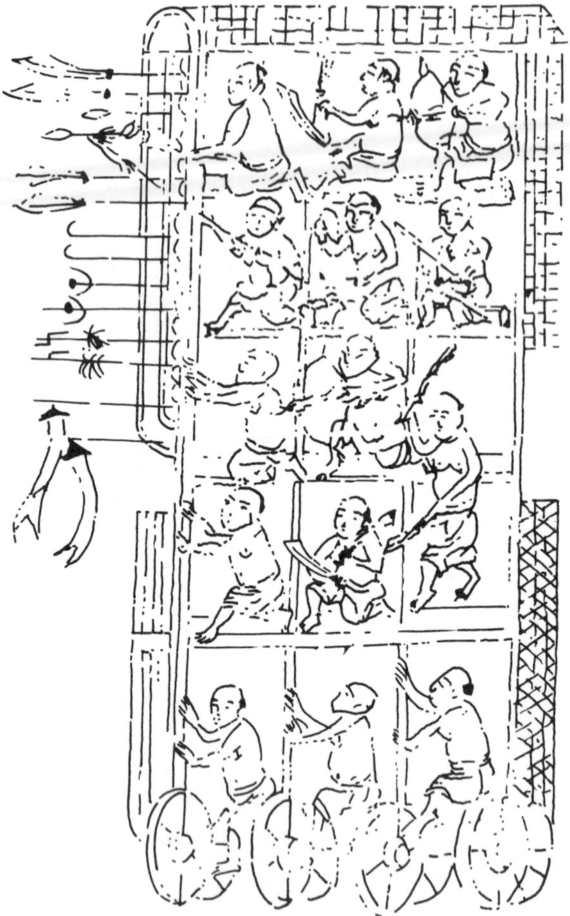

圖二 臨衝呂公車

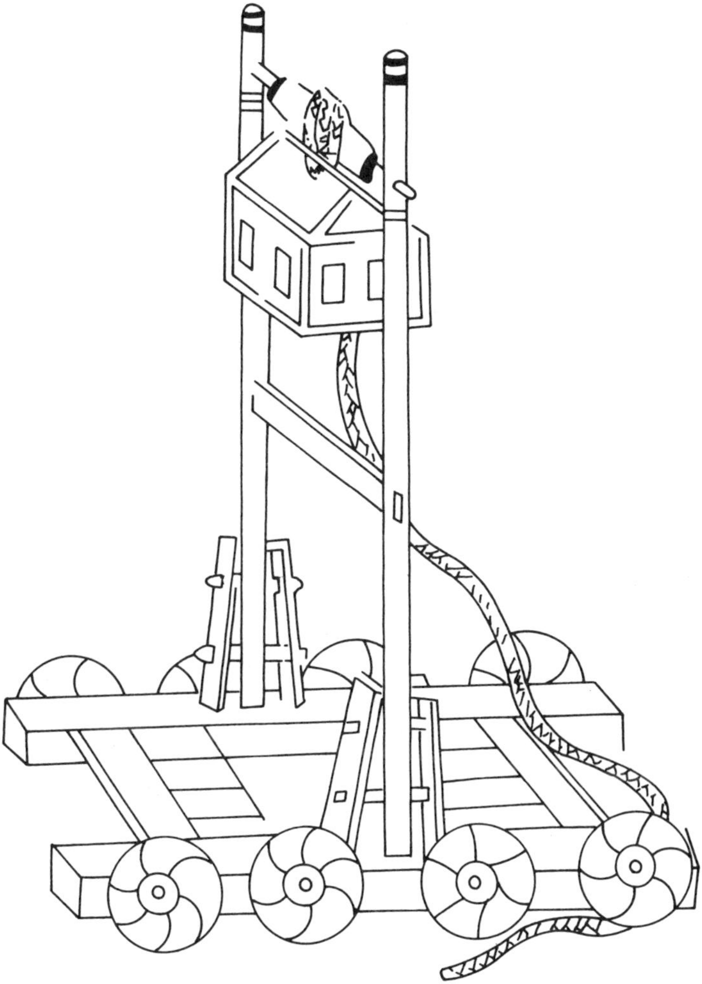

圖三　巢車

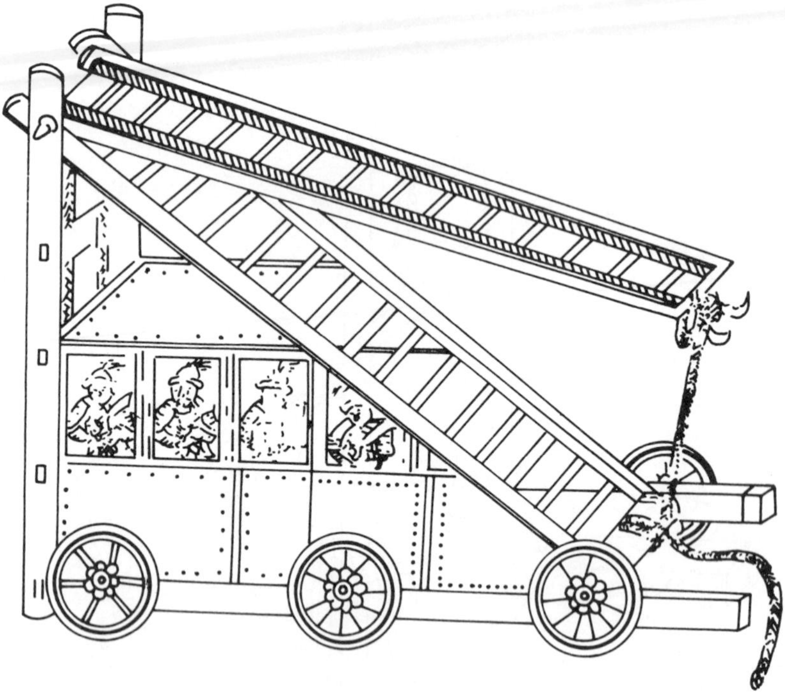

圖四　雲梯

圖五 濠橋

濠橋，長短以濠為準。下施兩巨輪，守貫兩小輪，推進入濠。輪陷則橋平可渡。若濠闊則用摺疊橋，其制以兩濠橋相接，中施轉軸，用法亦如之。

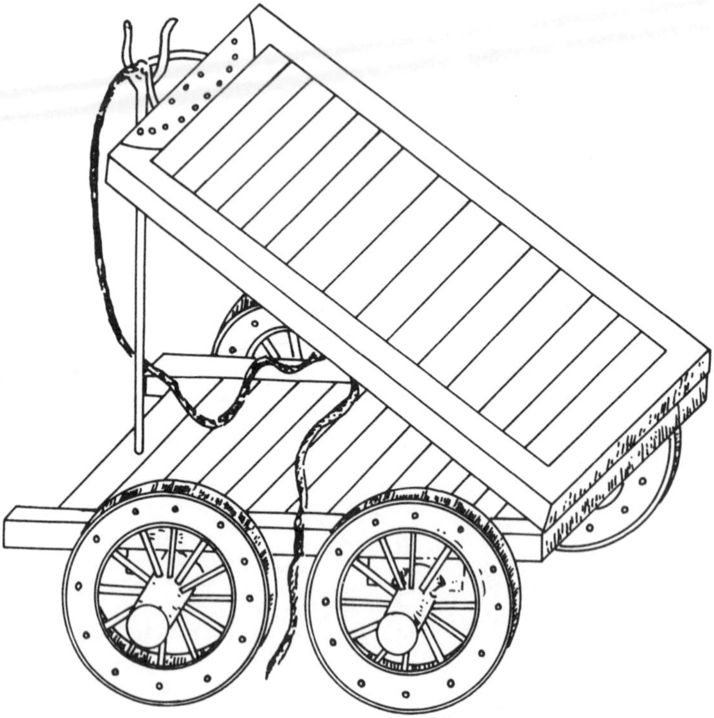

圖六　摺疊橋

導讀

《六韜》，是我國古代的一部著名兵書，相傳是姜太公呂望所撰，其實為後人所假託，書的真正作者已不可考。不過，我們從這部書的內容、語言、文風以及其他文獻的有關記載等方面綜合起來看，基本上可以判定《六韜》是戰國時期的著作。西元一九七二年，從山東臨沂銀雀山西的漢初墓葬發掘中，發現有《六韜》殘簡，足為此書流傳久遠的一項有力證據。當然，誠如余嘉錫先生《四庫提要辯證》所指出的，在戰國之前，此書已「遠有端緒」，而此後，漢人又「有所附益」，因為「周秦諸子，類非一人之手筆，此乃古書之通例」。

《六韜》自問世之後，就一直受到各代軍事家和統治者的重視。例如幫助漢高祖劉邦謀取天下的張良，就曾得力於《六韜》。又如三國時東吳的統治者孫權，曾告誡呂蒙及蔣欽要好好讀《六韜》；劉備也說讀《六韜》能益人意智。而以智謀韜略聞名天下的諸葛孔明，對《六韜》也十分崇尚。宋仁宗時，由於邊境上屢屢告負，朝廷對軍事重新開始重視，建立了武學，設立了武舉。其後在神宗時制定了「武舉試法」，規定了考試應答的三種兵書，其中之一就是《六韜》。宋神宗元豐三年（西元一〇八〇年），神宗下詔給當時的最高學府國子監，令他們校定七種兵書。三年之後，校定完畢，這就是對後世軍事理論產生重大影響而著名的「武經七書」，而《六韜》亦是其中之一種。自此以後，歷代統治者進行武學教學、武舉考試都把「武經七書」作為基本教材，《六韜》的影響也就稱得上是源遠而流長了。

《六韜》的「韜」，是韜略的意思。今本《六韜》共分六卷，以太公與文王、武王答問的形式，用文、武、龍、虎、豹、犬為題，論述了六個方面的韜略：

第一卷〈文韜〉十二篇，主要論述奪取天下及治理天下的韜略，包括收攬民心、尊重賢才、掌握經濟命脈、明賞罰、辨是非及君主應當儉樸無為、修德安民等內容。這一卷沒有直接論述兵法內容，但說的都是戰爭所賴以進行並取勝的基礎。古人所謂「文治武功」，是一個問題密不可分的兩面，〈文韜〉所論，即是其中「文治」的一面。

第二卷〈武韜〉五篇，主要論述戰前的政治準備，以及用各種非軍事方法分化、瓦解、打擊敵人的策略。所有這些，都是從戰略決策角度而言的，其中不乏各種權謀詭詐之術。

第三卷〈龍韜〉十三篇，主要論述了以將帥為首的統帥部的組成與職能、將帥應具的各種才德與統軍方法、挑選將領的原則、將領應追求的用兵境界，以及平時就需注意寓兵於農等等。所有這些，都是針對將帥而言的韜略，其中關於統帥部的組成及業務分工，在軍事史上有重要的文獻價值。

第四卷〈虎韜〉十二篇，分別論述了各種兵器、器材裝備，以及對陣、突圍、反包抄、攻城、火戰等內容。這一卷的論述已進入十分具體的戰術戰法階段。

第五卷〈豹韜〉八篇，主要論述在山林水澤地帶的作戰原則，以及如何以弱勝強、如何對付突襲的方法等等，也都是具體的戰術戰法問題。

第六卷〈犬韜〉十篇，主要論述了部隊的編組和訓練方法，尤其對車、騎、步三大兵種的特點、士兵的選拔、作戰的編陣等事宜作了詳細闡述。

《六韜》的大致內容已如上述。可以看出，作為一個時代的軍事理論和實踐的總結，《六韜》涉及的內容十分廣泛，大至戰爭與政治、經濟、民心向背之關係，小到物資的準備、將領的選拔、軍隊的操練以至於各種具體的作戰方法，凡是當時與軍事有關的戰略、戰術的各個方面，書中幾乎都論述到了。《六韜》的某些論述，明顯地可以看出是由《孫子》中的一些觀點敷衍而來，但在不少方面，它又是大大地豐富了《孫子》的學說。如《孫子》已有云：「兵者，詭道也。」「兵以詐立。」但具體的論述則並不是很多；而《六韜》中論及詭詐之道的地方則非常之多，除了在軍事行動上運用之外，他如〈文伐〉整篇講的都是非軍事手段的詭詐之道，美人計、離間計、賄賂計……令人目不暇接，嘆為觀止。這種文伐配合武功，文武結合的觀念，顯然是對「兵者，詭道也」這一論點的拓展。又如關於伏兵之計之變化運用的大量論述，也是《孫子》所不見的。所有這些，都是「自春秋至於戰國，出奇設伏，變詐之兵並作」（《漢書・藝文志・兵書略》語）的社會現實之反映。總的說來，《六韜》雖然不如《孫子》那樣簡潔、字字珠璣，但它敘述上的具體化卻更易於為人接受；它雖然缺乏後者那種理論上的獨創性，但在內容的廣泛性和系統性上卻是有過之而無不及。因此我們可以說，《孫子》一般說來只是一部單純論述用兵之道的書，而《六韜》則不但講用兵，還講如何得天下，文韜武略兼備，誠如唐代學者顏師古所評，是一部「言取天下及軍旅之事」的著作。

在古代，作為指導戰爭、哺育良將的教材，《六韜》曾起過重要作用；時代發展到了今天，這部著作依然具有重要的價值。首先，在軍事理論上，它仍不失為一部良好的教材，書中論及的不少戰略觀念和戰術觀點，今天仍然發人深省，富有現實生命力。其次，在其他領域，例如經商或企業管理方面，書中不少充滿智慧的論述也是富有啟迪意義的。這只要看日本人如何熱中於用中國古兵書指導生產、經營，就可明白。再次，《六韜》一書中大量的攻防、渡河、運輸器具等的記敘，對於中國兵器史和中國科技史的研究也是很有價值的。以上略數幾端，已可看出，作為中國古代兵書中有代表性的一種，《六韜》的價值是多方面的。

兵書是一種智慧之書，讀好了可以受益無窮。我們的祖先對讀兵書十分重視，總結了一些讀兵書的方法，比如明代劉寅的《武經七書直解》中，就附錄了一篇〈讀兵書法〉，論述了讀兵書當注意的要點計十六條。其中最重要的是頭三條：

讀兵書要活潑潑地如珠走盤中，無一定之理。

讀兵書要下手從實做工夫，若祇以口誦，亦濟甚事！

讀兵書要將古來名將行過事蹟體貼分曉，何人用此而勝，何人不用此而敗，庶有益。

這三條其實已道出了我們今天讀古兵書最要緊的方法。兵書中充滿了辯證的精神，其中論述的應敵作戰之法無不因人因時因地而異，如果不注意這點，只是僵硬地記住一些教條，讀來並不會受益。此外，還須用古代戰爭的史實對書上的理論加以印證，融會貫通，這樣才能加深印象，領悟明白。讀兵書的方法固然很多，也因人而異，但以上所述之「活」與「實」二字的功夫，卻為讀好兵書所必不可少。

《六韜》的版本，今存約有二十幾種。這次注譯，用的底本是民國二十四年上海涵芬樓《續古逸叢書》影印中華學藝社借照膠片影印出版的日本岩崎氏靜嘉堂藏南宋孝宗、光宗年間浙刻「武經七書」白文本。這是目前能見著的最早刊本，雖屬善本書，也有錯訛脫漏，因此用其他一些本子進行了校勘。用圓括號表示當改當刪之字，另用方括號表示改正與當添補之字，限於體例，校勘一律不注明出處。因有譯文可作參照，注釋就從簡了；為此，語譯就採用直譯的方法，而以意譯輔之。清代學者還輯有〈六韜佚文〉數種，本書選用清嘉慶十年刻《平津館叢書》中孫同元輯的〈六韜佚文〉一卷作為附錄，以供讀者參考。

鄔錫非

一九九五年十月

卷一　文韜

文師第一

【題解】文師，即文王之師。本篇敘述了文王田獵遇太公並拜他為師的故事，通過太公答問，暗示了周興商亡的歷史大勢，提出了收攬民心以取天下的原則，可視為滅商的戰略大綱。

文王❶將田❷，史編❸布卜曰：「田於渭陽❹，將大得焉。非龍非彲❺，非虎非羆❻，兆❼得公侯。天遺❽汝師，以之佐昌，施及三王❾。」

文王曰：「兆致是乎？」

史編曰：「編之太祖史疇為（禹）〔舜〕❿占，得皋陶⓫，兆比⓬於此。」

文王乃齋⓭三日，乘田車，駕田馬，田於渭陽，卒見太公⓮，坐茅以漁。

【章旨】此章敘述文王田於渭陽而遇姜尚。

【注　釋】❶文王　商末周族領袖，姬姓，名昌。商紂王時為西伯，亦稱伯昌。「文」為其諡號，「王」則追稱之。在位五十年，國力強盛，為武王滅商打下了基礎。❷田　狩獵之總名。❸史編　周太史，兼掌卜祝之事。「史」為官名，「編」為人名。❹渭陽　渭河的北面。渭，渭水，即今渭河，為黃河最大的支流，在陝西省中部。陽，山的南面，水的北面。❺彲　同「螭」，亦可作「離」。古代傳說中似龍非龍的動物，色黃，無角。❻羆《爾雅・釋獸》：「羆，如熊，黃白文。」俗稱人熊。❼兆　古人灼龜甲以占吉凶，龜甲上呈現的裂痕稱作兆，意即徵兆。❽遺　給予。❾三王　此指文王的後代子孫。❿舜　姚姓，有虞氏，名重華，史稱虞舜，為古史傳說中五帝之一。⓫皐陶　也稱咎繇。偃姓，古史傳說中東夷族的領袖，曾被舜任為執掌刑法的官。⓬比　類似。⓭齋　齋戒。古人在行大事（如祭祀）前沐浴更衣，不飲酒食葷，不與妻妾同寢，整潔身心以示虔誠的一種禮儀。⓮太公　姜姓，呂氏，名望，字子牙，號太公望，俗稱姜太公。其祖先封於呂，故亦稱呂尚。西周初年官太師，亦稱師尚父。佐武王滅商有功，封於齊，為周代齊國的始祖。

【語　譯】周文王要去打獵，太史編占卜後說：「到渭水北岸去打獵，您會有極大的收穫。這收穫既不是龍和彲，也不是虎或羆，根據卜兆，您得到的將是有公侯才能的人。上天要賜予您導師，以此來佐助您的事業日趨昌盛，而且其恩惠將一直延續到您的後代子孫。」

文王問道：「占卜的徵兆真是這樣嗎？」

太史編說：「我的太祖史官疇曾為舜帝占卜，結果舜帝得到了皐陶，當時的卜兆與今天的十分相似。」

文王於是齋戒三天，然後乘獵車，駕獵馬，到渭水北岸去打獵，終於見到太公正坐在長滿茅草的河岸邊釣魚。

文王勞而問之，曰：「子❶樂漁邪？」

太公曰：「臣聞君子樂得其志，小人樂得其事，今吾漁甚有似也，殆❷非樂之也。」

文王曰：「何謂其有似也？」

太公曰：「釣有三權：祿等以權；死等以權；官等以權。夫釣，以求得也，其情❸深，可以觀大矣。」

文王曰：「願聞其情！」

太公曰：「源深而水流，水流而魚生之，情也；根深而木長，木長而實生之，情也；君子情同而親合，親合而事生之，情也。言語應對者，情之飾也；言至情者，事之極也。今臣言至情不諱，君其❹惡之乎？」

文王曰：「唯仁人能受至諫，不惡至情。何為其然？」

太公曰：「緡❺微餌明，小魚食之；緡調餌香，中魚食之；緡隆餌豐，大魚食之。夫魚食其餌，乃牽於緡；人食其祿，乃服於君。故以餌取魚，魚可殺；以祿取人，人可竭；以家取國，國可拔；以國取天下，天下可畢❻。

【章　旨】此章太公言取天下的道理與釣魚相似。

【注　釋】❶子　古時對男子的尊稱。❷殆　助詞，無意義。❸情　實情。此引申為道理。❹其　副詞，表示揣測語氣，相當於「大概」。❺緡　釣絲。❻畢　古代用以捕捉禽獸的長柄網。此作動詞，意為征服。

【語　譯】文王上前慰勞太公，並問道：「您喜歡釣魚嗎？」

太公說：「我聽說君子樂於實現自己的志向，小人樂於做好自己的事情。現在我釣魚和這個道理很相似，而並不只是喜歡釣魚。」

文王問：「為什麼說它們很相似呢？」

太公說：「『釣』用作君主招攬人才，包含有三種權術：用厚祿收羅人才，好比用魚餌釣魚；用重賞收買死士，好比是香餌之下必有死魚；以不同的官職授予不同的人才，好比是視魚之大小有別而各派不同用途。釣魚，是為了有所得，它包含的學問很深奧，可以從中看出大道理呢！」

文王說：「我希望能聽聽這其中的道理！」

太公說：「源泉深則水流不息，水流不息，魚類才能生存，這是自然的道理；樹根深則枝幹茁壯，枝幹茁壯，才能結出果實，這也是自然的道理；君子情意相投就會親密合作，親密合作，事業才能成功，這同樣也是自然的道理。言語應對，往往會成為真情的文飾；說出最真情的話，才是最有意義的事。現在我說出真情實話，絲毫不加隱諱，您或許會有反感吧？」

文王說：「只有仁德之人才能接受最真率的規勸，不討厭真情實話，我怎麼會反感呢？」

太公說：「釣絲細微，魚餌明顯，小魚就會來喫；釣絲適中，魚餌味香，中魚就會來喫；釣絲粗長，魚餌豐富，大魚就會來喫。魚兒貪喫魚餌，就會被釣絲牽住；一個人喫的是君主的俸祿，也就會服從於君主。所以用魚餌釣魚，魚可供烹食；用爵祿羅致人才，就可盡其所能而用之；以家為基礎來取得國家，國家能為您所有；以國家為基礎來奪取天下，天下可全部征服。

「嗚呼！曼曼緜緜❶，其聚必散；嘿嘿昧昧❷，其光必遠。微哉！聖人之德，誘乎❸獨見。樂哉！聖人之慮，各歸其次❹而樹斂❺焉。」

文王曰：「樹斂何若而天下歸之？」

太公曰：「天下非一人之天下，乃天下之天下也。同天下之利者則得天下，擅❶天下之利者則失天下。天有時，地有財，能與人共之者，仁也；仁之所在，天下歸之。免人之死，解人之難，救人之患，濟人之急者，德也；德之所在，天下歸之。與人同憂同樂、同好同惡者，義也；

義之所在，天下赴之。凡人惡死而樂生，好德而歸利，能生利者，道也；道之所在，天下歸之。」

文王再拜曰：「允哉，敢不受天之詔命乎！」乃載與俱歸，立為師。

【章　旨】此章太公暗示文王殷商將亡，周朝將興，若想得天下，必須施行仁、德、義、道，使天下人心歸附。

【注　釋】❶曼曼緜緜　暗指幅員廣闊、歷傳多代的商王朝。曼曼，同「漫漫」。長遠貌。緜緜，連續不斷貌。❷嘿嘿昧昧　這裡是暗中積蓄力量的意思。嘿嘿，同「默默」。昧昧，昏暗不明貌。❸乎　通「於」。用。❹各歸其次　各得其所。次，處所。❺斂　收攬。❻擅　獨攬。

【語　譯】「呵！有的王朝，幅員廣大，傳了已有數代，但它所積聚起來的東西，終歸要煙消雲散；有的國家，不聲不響，暗中積蓄力量，它的光輝必定會普照遠方。微妙啊！聖人的功德，在於用獨到的見解誘導人心。快樂啊！聖人思慮的事情，就是要使人心各歸其所而建立起收攬人心的方法。」

文王問：「制定什麼樣的收攬人心的辦法，才能使天下人歸附呢？」

太公說：「天下不是一個人的天下，而是天下人的天下。能和天下人共享天下利益的，就可以得到天下；獨占天下利益的，就會失去天下。天有四時，地有財富，能和人共同享受的，就是仁；哪兒有仁，天下歸心。免除人們的死亡，排解人們的憂難，消除人們的禍患，扶濟人們的危急，就是德；哪兒有德，天下歸心。和人同憂共樂，同好共惡，就是義；哪兒有義，天下歸心。凡是人，都害怕死亡而樂於生存，喜好恩德而追求利益，能使人們獲利，就是道；哪兒有道，天下歸心。」

文王再次拜謝，說：「先生說得太恰當了，我哪能不接受上天的旨意呢！」於是請太公上車一起回到國都，並拜他為師。

盈虛第二

【題　解】盈虛，即盛衰之意，本篇論述了天下的盛衰、治亂是由於「人事得失之所致也」，具體說就是君主是否賢明，並以帝堯為例，提出了要做到天下大治，為君者所當有的行為規範和施政原則。

文王問太公曰：「天下熙熙❶，一盈一虛❷，一治一亂❸，所以然者，何也？其君賢、不肖❹不等乎？其天時變化自然乎？」

太公曰：「君不肖，則國危而民亂；君賢聖，則國安而民治：禍福在君不在天時。」

【章　旨】此章指出國家的強盛或衰弱、社會的安定或混亂的原因。

【注　釋】❶熙熙　紛雜熙攘貌。❷一盈一虛　盈虛，本義為滿和空，此指國家的盛衰。❸一治一亂　治，指政治清明安定。亂，指社會動盪不定。❹不肖　無才不正派。

【語　譯】文王問太公道：「天下紛紛雜雜，有時強盛，有時衰弱，有時安定，有時混亂，之所以會這樣，是什麼原因？是那些君主的賢明、不才不相同嗎？或是天時變化的自然結果？」

太公說：「君主不才，則國家危險而人民動亂；君主賢明，則國家安定而人民太平：國家的禍福在於君主而不在於天時變化。」

文王曰：「古之賢君可得聞乎？」

太公曰：「昔者帝堯❶之王天下，上世所謂賢君也。」

文王曰：「其治如何？」

太公曰：「帝堯王天下之時，金銀珠玉不飾，錦繡文綺❷不衣，奇怪珍異不視，玩好❸之器不寶，淫佚❹之樂不聽，宮垣屋室不堊❺，甍桷椽楹❻不斲❼，茅茨❽偏庭不剪，鹿裘❾御寒，布衣掩形❿，糲⓫粱之飯，藜藿⓬之羹，不以役作之故害民耕績⓭之時，削心約志，從事乎無為⓮。吏忠正奉法者尊其位，廉潔愛人者厚其祿。民有孝慈者愛敬之，盡力農桑者慰勉之。旌別淑德⓯，表其門閭⓰，平心正節，以法度禁邪偽。所憎者，有功必賞；所愛者，有罪必罰。存養天下鰥寡孤獨⑰，振⑱贍禍亡之家。其自奉⑲也甚薄，其賦役也甚寡，故萬民富樂而無饑寒之色。百姓戴其君如日月，親其君如父母。」

文王曰：「大哉！賢君之德也。」

【章　旨】此章敘述了帝堯之治，指出作為賢君，要儉樸愛民，公平正直，輕斂薄賦，無為而治。

【注　釋】❶帝堯　陶唐氏，名放勛，史稱唐堯，古史傳說中五帝之一。❷文綺　華美的絲織品。❸玩好　賞玩嗜好的物品。❹淫佚　也可作「淫泆」、「淫逸」。縱欲放蕩。❺堊　用白土塗刷粉飾。❻甍桷椽楹　甍，棟梁；屋脊。桷，方形的椽子。椽，放在梁上支架屋面和瓦片的木條。楹，廳堂的前柱。❼斲　砍削，此引申為雕飾。❽茨　草名，即蒺藜。❾裘　皮衣。❿布衣掩形　身著布衣，意謂其衣著儉樸。布衣，古時為庶人之服。⓫糲　同「糲」。粗米。⓬藜藿　貧賤者所食的野菜。藜，草名，又名萊。藿，豆葉。⓭績　編織。⓮無為　順應自然，不求有所作為，是古代一種治理國政的重要指導思想。⓯淑德　善惡。淑，善。德，通「慝」。惡也。⓰閭　里巷的大門。⓱鰥寡孤獨　《孟子·梁惠王下》：「老而無妻曰鰥，老而無夫曰寡，老而無子曰獨，幼而無父曰孤。」⓲振　通「賑」。救濟。⓳自奉　自己的日常供養。

【語　譯】文王說：「古時候賢君的事蹟可以讓我聽聽嗎？」

太公說：「從前堯帝統治天下，他就是上古所說的賢君。」

文王問：「他怎樣治理天下呢？」

太公說：「堯帝做天下的君主時，金銀珠玉不用作裝飾，錦繡華麗的織物不用作穿著，奇異珍貴之物不加以觀賞，喜好的古玩寶器不收藏，放蕩縱欲之樂不欣賞，宮牆屋舍不粉飾，椽梁廳柱不雕飾，茅草蒺藜長滿庭院不修剪，只用鹿皮衣禦寒，用布衣服遮體，喫粗糧飯，喝野菜湯，不因勞役之故而耽誤人民的耕織季節，約束自己的欲望，而致力於無為而治。官吏中忠正守法的就加官進爵，廉潔愛民的就增加俸祿。人民中有忠孝仁慈美德的就愛護敬重他，盡力於農事蠶桑的就慰勞勉勵他。並且甄別善惡，表彰善良人們，倡導正確的志向和禮節，用法制來禁絕姦邪偽詐的行為。對自己厭惡的人，有功必賞；對自己喜愛的人，有罪必罰。贍養普天下鰥寡孤獨的人們，救濟遭遇禍患傷亡的家庭。堯帝自己的日常供養十分微薄，他所徵用的賦稅勞役也很少，因此人民富足安樂而沒有饑寒之色。在那個時候，百姓擁戴自己的君主如同景仰日月，親近自己的君主就好比親近父母。」

文王讚嘆道：「真是偉大啊！賢明君主的德政。」

國務第三

【題解】所謂國務，就是治理國家的根本大事。本篇提出國務無非愛民之道，具體而言，就是對人民要有父母兄弟般的親愛之情，要關心他們的疾苦，為他們謀利益，使他們能安居樂業。

文王問太公曰：「願聞為國❶之大務❷：欲使主尊人安，為之奈何❸？」

太公曰：「愛民而已。」

文王曰：「愛民奈何？」

太公曰：「利而勿害，成而勿敗，生而勿殺，與而勿奪，樂而勿苦，喜而勿怒。」

文王曰：「敢❹請釋其故！」

太公曰：「民不失務，則利之；農不失時，則成之；省刑罰，則生之；薄賦斂，則與之；儉宮室臺榭❺，則樂之；吏清不苛擾，則喜之。民失其務，則害之；農失其時，則敗之；無罪而罰，則殺之；重賦斂，則奪之；多營宮室臺榭以疲民力，則苦之；吏濁苛擾，則怒之。

「故善為國者，馭民如父母之愛子，如兄之愛弟，見其饑寒則為之憂，見其勞苦則為之悲，賞罰如加於身，賦斂如取己物，此愛民之道也。」

【注釋】❶為國　治理國家。❷大務　最根本的事情。❸為之奈何　對此應當怎麼辦。為，對。奈何，如何；怎樣。❹敢　表敬副詞。❺臺榭　積土高起者為臺，臺上所蓋之屋為榭。

【語譯】文王問太公道：「我想要聽聽有關治理國家的根本大事：要想使君主受尊崇，人民得安寧，應該怎麼辦？」

太公回答說：「唯有愛民罷了。」

文王又問：「愛民要怎麼樣？」

太公說：「要給予人民利益而不要損害他們，要成就人民的事業而不要敗壞它們，要保護人民的生命而不要殺害他們，要給予人民恩惠而不要掠奪他們，要給予人民安樂而不要使他們痛苦，要給予人民歡喜而不要使他們怨怒。」

文王說：「請再詳細解釋一下！」

太公說：「不使人民失去職業，就是給了他們利益；不耽誤他們的農耕時節，就是成就了他們的事業；減省刑罰，就是保護了人民的生命；薄收賦稅，就是給了人民恩惠；不修建奢侈的宮室臺榭，就是使人民安樂；官吏清廉而不苛刻騷擾，就是讓人民歡喜。反過來，如果使人民失去職業，就是損害了他們；耽誤了農時，就是敗壞了他們的事業；人民無罪而妄加懲罰，就是殺害他們；橫徵暴斂，就是掠奪他們；修建太多的宮室臺榭而使民力疲憊，就是使人民痛苦；官吏汙濁而苛刻騷擾，就是使人民怨怒。

「因此，善於治國的人，統治人民就像父母疼愛子女，又像兄長愛護弟妹，看到他們饑寒就為之擔憂，看見他們勞苦就為之悲傷，對他們施以賞罰，好比加在自己身上，向他們徵收賦稅，就像攫取自己的財物，這些，就是愛民的道理。」

大禮第四

【題解】大禮，指的是君臣之禮。本篇論述了君臣之禮、君主的氣質、君主要怎樣聽取意見及如何明察一切共四個方面的問題，而取「大禮」二字作為篇名。

文王問太公曰：「君臣之禮如何？」

太公曰：「為上唯臨❶，為下唯沉❷；臨而無遠，沉而無隱。為上唯周❸，為下唯定❹；周則天也，定則地也。或天或地，大禮❺乃成。」

【章旨】此章論當效法天地以建成君臣之間的禮儀。

【注釋】❶臨　居高臨下。❷沉　沉伏，意為謙恭馴服。❸周　周遍。❹定　安定。❺大禮　隆重莊嚴的禮儀。

【語譯】文王問太公道：「君臣間的禮儀應當是怎樣的？」

太公說：「做君主的一定要居高臨下，做臣民的一定要謙卑馴服；居高臨下但不要疏遠臣民，謙卑馴服但不要有所隱瞞。為君主的要普施恩德，為臣民的要安分守職；普施恩德，就像天空覆蓋萬物，安分守職，就像大地厚實穩重。君主效法天，臣民效法地，君臣間的禮儀也就建成了。」

文王曰：「主位如何？」

太公曰：「安徐而靜，柔節先定，善與而不爭，虛心平志❶，待物以正。」

【章旨】此章言君主應當具有安詳寧靜、謙虛無私的氣質。

【注釋】❶平志　據《武經七書直解》：「平志，不私曲也。」即無私衷。

【語譯】文王問：「處君位的，應當怎樣才好？」

太公說：「要安詳穩健而氣質寧靜，柔和有節而胸有成竹，善於施恩而不與民爭利，待人虛心真誠，處事公正不阿。」

文王曰：「主聽如何？」

太公曰：「勿妄而許，勿逆而（擔）〔拒〕。許之則失守❶，拒之則閉塞。高山仰之，不可極也；深淵度之，不可測也。神明❷之德，正靜其極❸。」

【章　旨】此章論君主既要虛心納諫，又要心有主見，方能做到英明正確。

【注　釋】❶守　自己心裡的主見。❷神明　據《武經七書彙解》：「應酬萬變者神也，辨別眾理者明也。」即英明正確之意。❸極　準則。

【語　譯】文王問：「作為君主，應該怎樣聽取臣民的意見？」

太公說：「不要輕率接受，也不要簡單拒絕。輕率接受，就會失去主見；簡單拒絕，就會耳目閉塞。君主要像高山那樣，使人仰慕效法而不可及；又要像深淵一般，令人莫測其深。要有英明正確的德行，公正寧靜就是它的準則。」

文王曰：「主明如何？」

太公曰：「目貴明，耳貴聰❶，心貴智。以天下之目視，則無不見也；以天下之耳聽，則無不聞也；以天下之心慮，則無不知也。輻湊❷竝進，則明不蔽矣。」

【章　旨】此章論君主如能善於用人，使人盡其才，就能明察一切。

【注　釋】❶聰　聽覺靈敏。❷輻湊　亦可作「輻輳」。車輻集中於軸心，喻人或物聚集一處。

【語　譯】文王問：「君主怎樣才能明察一切呢？」

太公說：「眼睛貴在明辨事物，耳朵貴在聽覺靈敏，心智貴在思維敏捷。憑藉天下人的眼睛觀察事物，就能無所不見；憑藉天下人的耳朵探聽消息，就能無所不聞；憑藉天下人的心智思考問題，就能無所不明。如果四面八方的情況都像車輪的輻條湊向車轂那樣匯集到君主這兒，君主就能明察一切而不受蒙蔽了。」

明傳第五

【題解】本篇記載了文王臥病時請太公以為君治國之道傳授給太子發（即周武王）的故事，取文中「明傳」二字以名篇。文章闡述了先聖之道之所以能實行與遭廢棄的原因，以及義理和欲望、敬謹與怠惰同國家興亡的關係。

文王寢疾❶，召太公望，太子發❷在側。曰：「嗚呼！天將棄予，周之社稷❸將以屬汝。今予欲師至道之言，以明傳之子孫。」

太公曰：「王何所問？」

文王曰：「先聖之道，其所止，其所起，可得聞乎？」

太公曰：「見善而怠，時至而疑，知非而處，此三者，道之所止也。柔而靜，恭而敬❹，強而弱，忍而剛，此四者，道之所起也。故義勝欲則昌，欲勝義則亡；敬勝怠則吉，怠勝敬則滅。」

【注釋】❶寢疾 臥病在床。❷太子發 即周武王。文王之子，名發。文王死，武王繼位，承父遺志，滅商朝，建立西周王朝。❸社稷 社為土神，稷為穀神，兩者合稱用以指國家。❹敬 不怠惰；不苟且。

【語譯】文王臥病在床，召見太公望，太子發也在床邊。文王說：「唉！上天將要拋棄我了，周國就要託付給你了。現在我想學些至理名言，以便明確地傳給子孫後代。」

太公說：「王要問些什麼呢？」

文王說：「古代聖賢的為君治國之道，之所以被廢棄，之所以能實行，其原因能讓我聽聽嗎？」

太公說：「見到善事卻怠惰不為，時機到來卻猶疑不決，明知不對卻泰然處之，這三者，就是先聖為君治國之道遭廢棄的原因。柔和而寧靜，謙恭而敬謹，強毅而能弱，堅忍而能剛，這四者，就是先聖為君治國之道能實行的原因。因此，義理勝過欲望國家就昌盛，欲望勝過義理國家就衰亡；敬謹勝過怠惰國家就吉祥，怠惰勝過敬謹國家就覆滅。」

六守第六

【題解】本篇論述了兩方面的問題：一是君主選用人才要堅持六條德行標準，即所謂「六守」——仁、義、忠、信、勇、謀；二是君主必須親自控制保證國家安定富強的經濟基礎，即所謂「三寶」——大農、大工、大商。這兩個問題都和君權存亡息息相關，君主必須堅守不失，又因為文內有「六守」二字，故取以名篇。

文王問太公曰：「君國主民❶者，其所以失之者，何也？」

太公曰：「不慎所與❷也。人君有六守❸、三寶。」

【章旨】此章開宗明義指出君權之失落，是用人不當和隨便將經濟大業託付予人。

【注釋】❶君國主民　為國之君，作民之主。即君主。❷所與　根據下文，有兩方面的含義：一是託付之人，即用人；二是託付之事，即「三寶」。與，給予；託付。❸守　操守；德行。

【語譯】文王問太公道：「作為國家和人民統治者的君主，之所以會失去國家和人民，其原因何在？」

太公說：「在於託付這件事上不慎重。君主有六條德行標準用來選用將付予重任的人才，另有三件寶器是必須親自控制而不能託付予人的。」

文王曰：「六守何也？」

太公曰：「一曰仁，二曰義，三曰忠，四曰信，五曰勇，六曰謀，是謂六守。」

文王曰：「慎擇六守者何？」

太公曰：「富之而觀其無犯，貴之而觀其無驕，付之而觀其無轉❶，使之而觀其無隱，危之而觀其無恐，事之而觀其無窮。富之而不犯者，仁也；貴之而不驕者，義也；付之而不轉者，忠也；使之而不隱者，信也；危之而不恐者，勇也；事之而無窮者，謀也。

【章　旨】此章論述了君主選用人才必須堅持的六條德行標準以及考查人才的辦法。

【注　釋】❶無轉　此是堅定不移的意思。

【語　譯】文王問：「六條德行標準是什麼？」

太公說：「一是仁，二是義，三是忠，四是信，五是勇，六是謀，這些就是六條標準。」

文王問：「要想慎重地選用符合六條德行標準的人才，應當怎麼辦？」

太公說：「使他富裕，看他是否不逾越禮法；讓他尊貴，看他是否不驕橫淩人；付予他重任，看他是否堅定不移地去完成；令他去辦理重要事務，看他是否不隱瞞欺騙；使他身臨險境，看他是否臨危不懼；讓他處理突發事變，看他是否應付裕如。富裕而不逾越禮法，就是仁；尊貴而不驕橫，就是義；被付予重任而能堅定不移地去完成，就是忠；辦理重要事務而能不隱瞞欺騙，就是信；身臨險境而不畏懼，就是勇；處理突發事變能應付裕如，就是謀。」

「人君無以三寶借人。借人則君失其威。」

文王曰：「敢問三寶？」

太公曰：「大農、大工、大商謂之三寶。農一❶其鄉❷，則穀足；工一其鄉，則器足；商一其鄉，則貨足。三寶各安其處，民乃不慮。無亂其鄉，無亂其族。臣無富於君，都無大於國❸。

【章旨】此章論述了大農、大工、大商「三寶」的具體內容及其對經濟的促進作用。

【注釋】❶一　作動詞，意為聚集。❷鄉　行政區域單位。相傳周制以一萬二千五百家為鄉。❸都無大於國

《管子》中說：「國小而都大者弒。」都，古代城邑的泛稱。國，指國君所在的國都。

【語譯】「君主不能把控制三件寶器的權力交給他人。交給他人，君主就會失去權威。」

文王問：「請問是哪三件寶器？」

太公說：「農業、手工業、商業，就是我說的三件寶器。讓農民聚居一鄉合作生產，糧食就會充足；讓工匠聚居一鄉協作生產，器具也就充足；讓商人聚集一鄉進行貿易，貨物自然也就充足。農、工、商三種行業各得其所，各安其業，老百姓也就不會有什麼擔憂了。所以，不要讓農、工、商雜處，也不要去拆散他們的家族組織。臣民不要讓他們富於君主，城邑不得讓它大於國都。

「六守長，則君昌；三寶完，則國安。」

【章旨】此章歸結全文，指出堅持「六守」、完善「三寶」，對於君權國運的意義。

【語譯】「六條用人的德行標準能長久實行，君主的事業就會昌隆；三種經濟事業完備，國家就能長治久安。」

守土第七

【題解】本篇論述了守衛國土的問題，實即君主如何維護自己的統治問題。文章開門見山即提出了「無疏其親，無怠其眾；撫其左右，御其四旁」的內政外交重要指導原則，而全文中指出的不少具體要求，也都是為君主者所必須注意的，其中對於君主「無借人國柄」，兩次三番，強調尤力。文章以文王問「守土」開始，故取以名篇。

文王問太公曰：「守土奈何？」

太公曰：「無疏其親❶，無怠其眾；撫其左右，御其四旁。無借人國柄❷；借人國柄，則失其權。無掘壑而附丘❸，無捨本而治末。日中必彗❹，操刀必割，執斧必伐。日中不彗，是謂失時；操刀不割，失利之期；執斧不伐❺，賊人將來。涓涓❻不塞，將為江河；熒熒❼不救，炎炎奈何？兩葉❽不去，將用斧柯❾。是故人君必從事於富；不富無以為仁，不施無以合親。疏其親則害，失其眾則敗。無借人利器❿；借人利器，則為人所害而不終其正⓫也。」

【章　旨】此章論守衛國土，對內當敬眾合親，對外當撫御並用，而君主須得親掌大權，不失時機，防微杜漸，致力於國富民殷。

【注　釋】❶親　此指宗親，即宗室親族。❷國柄　國家的權柄。❸無掘壑而附丘　《直解》：「壑已深矣而又掘之，丘已高矣而又附之，如有權寵者而又以權寵與之，後則不可制也。」壑，深溝。丘，土山。❹彗　曝晒。❺執斧不伐　古代往往以斧作為用刑的象徵，執斧不伐表示執法不力。❻涓涓　水流細小貌。❼熒熒　火光微弱貌。❽兩葉　樹木萌芽時所生的嫩葉。❾斧柯　指斧頭。柯，斧柄。❿利器　義同「國柄」。國家權力。⓫不終其正　指非正常死亡。

【語　譯】文王問太公道：「如何守衛國土？」

太公說：「不得疏遠宗親，不得怠慢民眾；要安撫左右鄰國，還要控制四面遠方的國家。不要把國家大權交給旁人；大權旁落，君主就失去了權力。在用人上，不要損下益上；在治國方面，不可捨本逐末。日當正午時候，一定要加緊曝晒；操起了刀子，一定要加緊宰割；拿起了斧子，一定要加緊砍伐。日當正午不曝晒，這叫做失去了時機；操起了刀子不宰割，也就是失利之時；拿起了斧子不砍伐，盜賊將來光臨。涓涓細流不加堵塞，將會匯成滔滔江河；微弱的火花不予撲滅，釀成熊熊大火又怎麼辦？初生的一二片嫩葉不予摘除，將來就必須用斧頭去砍。所以君主一定要致力於國家富強；國家不富強就無法施行仁政，不施行仁政就無法團結宗親。而疏遠了宗親就會造成危害，失去了民眾就會導致敗亡。不要把國家大權託付給別人；大權交給了別人，就會為人所害而不得善終。」

文王曰：「何謂仁義？」

太公曰：「敬其眾，合其親。敬其眾則和，合其親則喜，是謂仁義之紀❶。無使人奪汝威。因其明，順其常❷。順者任之以德，逆者絕之以力。敬之勿疑，天下和服。」

【章　旨】此章指出敬眾合親即仁義之綱紀，再次強調君主不可失權，而君主為政，要合乎民心天理，獎懲並用。

【注　釋】❶紀　綱紀。❷因其明二句　《直解》：「因其人心之明，順其天道之常。」

【語　譯】文王問：「什麼叫做仁義？」

太公說：「要敬重民眾，團結宗親。敬重民眾，民眾就和順；團結宗親，宗親就歡喜。這些，就是仁義的綱紀。不要讓人侵奪您的權威。處理政務，要依據民心，順乎天理。對於順從您的人，要以恩德加以安撫；對於反對您的人，要用武力消滅之。總之，敬慎地遵循上述原則而不疑惑，天下就會和順服從了。」

守國第八

【題解】守國即守衛國家。本篇論君權統治，主旨與〈守土〉篇同，兩者可謂姐妹篇。故本篇中所論之君主當遵循天地自然之道及討伐叛逆、保守中和等策略，與〈守土〉所論敬眾合親云云同為人君南面之術，可以互為補充。

文王問太公曰：「守國奈何？」

太公曰：「齋，將語君天地之經❶、四時所生、仁聖之道、民機❷之情。」

王即齋七日，北面❸再拜而問之。

太公曰：「天生四時，地生萬物，天下有民，仁聖牧❹之。故春道❺生，萬物榮；夏道長，萬物成；秋道斂，萬物盈；冬道藏，萬物（尋）〔靜〕。盈則藏，藏則復起，莫知所終，莫知所始，聖人配❻之，以為天地經紀❼。故天下治，仁聖藏，天下亂，仁聖昌，至道其然也。

【章旨】此章論述了君主統治人民屬於天經地義，而其統治當以天地自然之生生息息規律為參照。

【注釋】❶經　常道；規律。❷機　事物變化之根由。❸北面　古代臣見君、卑幼見尊長、學生見老師皆北面而立。❹牧　統治。❺道　規律。❻配　相配。即參照遵循之意。❼經紀　綱紀。

【語譯】文王問太公道：「應當如何保衛國家？」

太公說：「請先行齋戒，然後我再告訴您天地間的自然規律、一年四季萬物生長變化的情況、仁人聖賢治理國家的方法，和民心變化的根由。」

文王於是齋戒了七天，北面行弟子禮再度拜問太公。

太公說：「天有四季，地有萬物，普天下有眾多的百姓，由仁人聖君來統治。所以春天的自然規律是滋生，萬物都欣欣向榮；夏天的自然規律是生長，萬物都繁榮茂盛；秋天的自然規律是收穫，萬物都成熟豐盈；冬天的自然規律是收藏，萬物都靜靜潛伏。豐盈了就潛藏，潛藏了就又復生，循環往復，不知道哪是終點，也不知道哪是開始。聖人參照遵循這一規律，把它作為天地間的綱常法度。因此天下太平時，仁人聖主就藏而不露，天下大亂時，仁人聖主就出來撥亂反正，建立盛大業績，最深刻的規律就是如此。

「聖人之在天地間也，其寶❶固大矣，因其常❷而視❸之則民安。夫民動而為機，機動而得失爭矣。故發之以其陰，會之以其陽❹，為之先唱❺，天下和之。極反其常，莫進而爭，莫退而讓。

「守國如此，與天地同光。」

【章旨】此章言君主對於叛逆要恩威並用，在事成之後，則當不爭功、不遜讓，守中和之道。

【注釋】❶寶　此指聖人的地位作用。❷常　常理；常道。❸視　效法。❹發之以其陰兩句　《直解》：「陰，兵刑也。陽，德澤也。……謂刑以伐之，德以合之也。」發，發動，引申為攻擊。❺唱　通「倡」。倡議。

【語譯】「聖人在天地間的作用，原本就是巨大的，所以順因其治理天下的常道而行事，人民就安定太平。如果民心浮動，就會產生變亂的契機；出現了這種契機，就會發生權力得失之爭。所以君主對於這種變亂，既要以武力加以討伐，又要以恩澤加以籠絡，率先發出倡議，天下必然群起而應之。當形勢發展到極點後，就一定會恢復至正常，此時君主既不可進而爭功，也不可退而遜讓。

「能這樣來守衛國家，就可與天地同光而不朽了。」

上賢第九

【題解】上賢，就是尊重德才兼備之人。本篇論述了作為君主，必須「上賢，下不肖，取誠信，去詐偽，禁暴亂，止奢侈」。文中列舉了「六賊」、「七害」，都是有傷於王業的人或事，提醒君王要嚴加警惕。與此相對，文中也提出了君主衡量官吏百姓的基本準則。

文王問太公曰：「王人❶者，何上何下？何取何去？何禁何止？」

太公曰：「王人者，上賢，下不肖，取誠信，去詐偽，禁暴亂，止奢侈。故王人者有六賊、七害。」

【章旨】此章總提君主對於臣民及其德行所應持的揚抑取捨態度。

【注釋】❶王人　為人之王。即君主。

【語譯】文王問太公道：「對國君來說，什麼樣的人應當受到尊崇？什麼樣的人應當受到貶抑？什麼樣的人應當錄用？什麼樣的人應當革除？什麼事應當嚴禁？什麼事應當制止？」

太公說：「作為君主，要尊崇德才兼備的人，貶抑無德無才的人，錄用忠誠信義的人，革除狡詐虛偽的人，嚴禁暴亂行為，制止奢侈風氣。所以國君要警惕『六賊』、『七害』。」

文王曰：「願聞其道！」

太公曰：「夫六賊者，一曰臣有大作宮室池榭，遊觀倡樂者，傷王之德；

「二曰民有不事農桑，任氣遊俠❶，犯歷❷法禁，不從吏教者，傷王之化；

「三曰臣有結朋黨❸，蔽❹賢智，鄣❺主明者，傷王之權；

「四曰士有抗志❻高節，以為氣勢，外交諸侯，不重其主者，傷王之威；

「五曰臣有輕爵位，賤有司❼，羞為上犯難者，傷功臣之勞；

「六曰強宗侵奪，陵侮貧弱者，傷庶人之業。

「七害者，一曰無智略權謀，而以重賞尊爵之故強勇輕戰，僥幸於外，王者慎勿使為將；

「二曰有名無實，出入異言，掩善揚惡，進退為巧，王者慎勿與謀；

「三曰朴其身躬❽，惡其衣服，語無為以求名，言無欲以求利，此偽人也，王者慎勿近；

「四曰奇其冠帶❾，偉其衣服，博聞辯辭，虛論高議，以為容美，窮居靜處，而誹時俗，此姦人也，王者慎勿寵；

「五曰讒佞苟得❿，以求官爵，果敢輕死，以貪祿秩⓫，不圖大事，得利而動，以高談虛論，說⓬於人主，王者慎勿使；

「六曰為雕文刻鏤，技巧華飾，而傷農事，王者必禁之；

「七曰偽方異伎⓭，巫蠱左道⓮，不祥之言，幻惑良民，王者必止之。

【章　旨】此章釋「六賊」、「七害」，均就人事而言。

【注　釋】❶任氣遊俠　任氣，任性；意氣用事。遊俠，不定居一地，不受國家戶籍掌握，以武力自雄。❷犯歷　違犯。歷，犯亂。❸朋黨　排斥異己的黨派集團。❹蔽　遮蔽，此為排斥意。❺鄣　「障」的本字。❻抗志　堅持平素的志向，不動搖不屈服。❼有司　官吏。❽身躬　義同「躬身」。自身。❾冠帶　帽子和腰帶。❿讒佞苟得　讒，說別人壞話。佞，姦巧諂諛。苟得，以不正當的手段獲取好處。⓫祿秩　祿，官吏的俸祿。秩，官吏的品級或職位。⓬說　通「悅」。取悅。⓭偽方異伎　虛假怪異的方伎。方伎，同「方技」。指醫、卜、星、相之術。⓮巫蠱左道　巫蠱，古人謂巫師以符咒等邪術加禍於人為巫蠱。巫，巫師。蠱，毒蟲。左道，即邪門歪道。

【語　譯】文王說：「我想聽聽這些道理！」

太公說：「所謂『六賊』，第一是說大臣中若有大肆營造宮室、亭池、臺榭，盡情遊玩觀賞，倡導尋歡作樂的，就會敗壞君王的德政；

「第二是說百姓中若有不從事農耕蠶桑，任使意氣，喜好遊俠，違犯法制禁令，不服從官吏管教的，就會損害到君王的教化；

「第三是說大臣中若有結黨營私，排斥賢智之士，蒙蔽主上聖明的，就會損害君王的權威；

「第四是說士民中若有故意堅持己志以標榜氣節高尚，藉此形成一股氣勢，而又對外交結諸侯，不尊重自己的君主的，就會傷害君王的威勢；

「第五是說大臣中若有輕視爵位，貶低官職，恥於為主上冒險犯難的，就會損傷功臣的勛績；

「第六是說若有強宗大族競相侵奪，欺壓貧弱百姓的，就會傷害到人民的生計。

「所謂『七害』，第一是指缺乏韜略權謀，僅僅只為了獲取重賞和尊貴的爵位，強悍恃勇、輕率赴戰，企求在外僥倖立功，對這樣的人，君王千萬要謹慎，不可讓他們做軍隊的將領；

「第二是指名不副實，當面一套，背後一套，掩人之善，揚人之惡，以或進或退為取巧的手段，這樣的人，君王千萬要小心，不要和他們共謀大事；

「第三是指外表樸素，衣著粗劣，口說無所作為卻到處追求名聲，聲稱無所貪欲卻凡事追逐利益，這種人是虛偽的人，君王務必小心，不要與他們親近；

「第四是指冠帶奇特，衣著偉麗，博聞好辯，空談高論，以這些為誇耀，而又居住在簡陋僻靜之地，以毀謗時俗為能事，這種人屬於姦詐之人，君王務必當心，不可寵信他們；

「第五是指讒言攻訐，阿諛奉承，不擇手段以求官職，魯莽浮躁，輕率冒死以求爵祿，不考慮大事，得利而動，以高談闊論取悅於君主，對這種人，君王務必當心，不可任用他們；

「第六是指從事雕鏤刻鑿，因過於講求技巧和裝飾華麗而影響了農事，對此君王必須加以禁止；

「第七是指虛假怪異的方術、符咒等旁門左道，以及不吉祥的流言，都會迷惑善良的百姓，君王務必予以制止。

「故民不盡力，非吾民也；士不誠信，非吾士也；臣不忠諫，非吾臣也；吏不平潔愛人，非吾吏也；相不能富國強兵，調和陰陽[1]，以安萬乘之主❷，正群臣，定名實，明賞罰，樂萬民，非吾相也。

【章　旨】此章提出了對官吏百姓的基本要求。

【注　釋】❶陰陽　中國古代哲學的一對基本範疇，古人用以指稱世間萬物的正反兩面，凡動的、熱的、在上的、向外的、明亮的、亢進的、強壯的等為陽，凡靜的、寒的、在下的、向內的、晦暗的、減退的、虛弱的等為陰，如天地、日月、晝夜、君臣、夫妻等皆是。古人還用陰陽來解釋事物的發展變化，如認為春夏秋冬、日夜交替，都是陰陽推移變化的結果。❷萬乘之主　指國君。乘，車輛。

【語　譯】「所以民眾如果不盡力，就不是我的民眾；士人如果不誠實講信義，就不是我的士人；大臣如果不忠誠直言，就不是我的大臣；官吏如果不公平廉潔愛護百姓，就不是我的官吏；宰相如果不能富國強兵，調和天地和人事間的變化關係，以穩固君權，規正群臣，核定名實，嚴明賞罰，使萬民安居樂業，就不是我的宰相。

「夫王者之道如龍首，高居而遠望，深視而審聽，示其形，隱其情，若天之高不可極也，若淵之深不可測也。故可怒而不怒，姦臣乃作；可殺而不殺，大賊乃發；兵勢❶不行，敵國乃強。」

文王曰：「善哉！」

【章　旨】此章言君主之統治，當高居遠望，深不可測，不姑息，不失時。

【注　釋】❶兵勢　指用兵上利用有利的態勢進行機動。

【語　譯】「至於做君王的方法，要像龍首一樣，居高處而遠望，深入觀察事物，審慎聽取意見，注意顯示自己的形象，但衷情要隱而不露，就像天高不可窮極，又像淵深不可測量。所以君主該發怒時不發怒，姦臣就會興風作浪；該殺人時不殺人，大盜就會因之而生；軍隊處於有利態勢時不行動，敵國就會強大起來。」

文王說：「說得好極了！」

舉賢第十

【題解】舉賢，即舉用賢才。本篇從正反兩方面論述舉賢，指出有些君主之所以選拔不到真正的賢才，是因為方法有誤，以致為朋比為姦的小人所蒙蔽，由此，文章提出了「選才考能，令實當其名，名當其實」的舉賢之道。

文王問太公曰：「君務舉賢而不獲其功，世亂愈甚，以至危亡者，何也？」

太公曰：「舉賢而不用，是有舉賢之名而無用賢之實也。」

文王曰：「其失安在？」

太公曰：「其失在君好用世俗之所譽，而不得真賢也。」

文王曰：「何如？」

太公曰：「君以世俗之所譽者為賢，以世俗之所毀❶者為不肖，則多黨❷者進，少黨者退。若是，則群邪比周❸而蔽賢，忠臣死於無罪，姦臣以虛譽取爵位，是以世亂愈甚，則國不免於危亡。」

【章　旨】此章分析了有些君主舉賢失敗的原因。

【注　釋】❶毀　誹謗。❷黨　黨羽。❸比周　結黨營私。

【語　譯】文王問太公道：「有些君主致力於舉用賢才，但沒能得到舉賢的功效，反而世道更加混亂，以至於國家危亡，這是為什麼呢？」

太公說：「做了舉用賢才的事卻不用賢才，這是只有舉賢之名而無用賢之實。」

文王問：「造成這種情形的過失是什麼？」

太公說：「其過失在於這些君主喜歡用世俗之人所稱譽的人，因而不能得到真正的賢才。」

文王問：「為什麼呢？」

太公說：「君主如把世俗之人所稱譽的人當作賢才，把世俗之人所毀謗的人當作不賢的人，那麼黨羽多的人就會被進用，黨羽少的人就會遭斥退。若是這樣，姦邪勢力就會結黨營私而排斥賢人，結果忠臣將無罪而誅，姦臣卻能用虛名獲取爵位，因此社會動亂愈演愈烈，國家也就不免陷於危亡了。」

文王曰：「舉賢奈何？」

太公曰：「將相分職，而各以官名舉人，按名督❶實，選才考能，令實當其名，名當其實，則得舉賢之道也。」

【章旨】此章提出了正確的舉賢方法。

【注釋】❶督 察視；督責。

【語譯】文王問：「應當怎樣舉用賢才呢？」

太公說：「讓將相分工，各依不同的官位等級的要求來選拔人才，按照這種要求查核他們的實際情況，再從中選取才智之士而考核其能力的大小，使其德才與官位相稱，官位與德才相當，這樣就掌握了舉用賢才的正確方法了。」

賞罰第十一

【題解】本篇論述了要達到獎懲的「存勸」、「示懲」目的，就必須「賞信罰必」。

文王問太公曰：「賞所以❶存勸❷，罰所以示懲，吾欲賞一以勸百，罰一以懲眾，為之奈何？」

太公曰：「凡用賞者貴信，用罰者貴必。賞信罰必於耳目之所聞見，則所不聞見者莫不陰化矣。夫誠，暢於天地，通於神明，而況於人乎？」

【注釋】❶所以　用來。表示目的。❷存勸　慰問勉勵。

【語譯】文王問太公道：「獎賞是為了表示慰問和勉勵，懲罰是為了表示懲戒，我想要獎賞一人以勉勵一百個人，懲罰一人以警戒眾人，應該怎麼辦？」

太公說：「凡是用賞貴在守信，用罰貴在必行。如果對於耳目所聞所見之事都能做到賞罰必信，那麼您所看不見和聽不到的地方，也就沒有不潛移默化的了。誠信，可以暢行於天地，上達於神靈，又何況對人呢？」

兵道第十二

【題　解】本篇論述用兵之道，首先強調了統一意志、統一指揮的重要性；其次論述了兩軍相遇，各有守備時具體的戰術方法，那就是設法給敵人造成假象，欺騙敵人，以便聲東擊西，而一旦軍情計謀為敵人所知，就要出其不意，攻其無備，以奇兵勝之。

武王❶問太公曰：「兵道如何？」

太公曰：「凡兵之道莫過乎一❷。一者能獨往獨來❸。黃帝❹曰：『一者階❺於道，幾❻於神。』用之在於機，顯之在於勢，成之在於君。故聖王號兵為凶器，不得已而用之。

「今商王❼知存而不知亡，知樂而不知殃。夫存者非存，在於慮亡；樂者非樂，在於慮殃。今王已慮其源，豈憂其流乎？」

【章　旨】此章論用兵之道最要緊的莫過於統一意志、統一指揮，附帶指出商朝行將滅亡。

【注釋】❶武王　周武王。參〈明傳第五〉注❷。❷一　上下一致；統一意志；統一指揮。❸獨往獨來　意指無敵。❹黃帝　傳說中我國中原各族的共同祖先。姬姓，號軒轅氏、有熊氏，少典之子。相傳曾擊敗炎帝，擊殺蚩尤，從此遂由部落首領被擁戴為部落聯盟領袖，為古史傳說中五帝之一。❺階　此作動詞，接近、進入之義。❻幾　作動詞，接近，差不多之義。❼商王　指商王朝最後一個君主帝辛，名紂，一作「受」。西元前十一世紀，周武王會合各族伐紂，牧野（今河南淇縣西南）一戰，紂王兵敗自殺。

【語譯】周武王問太公道：「用兵的規律是什麼？」

太公說：「大凡用兵的規律，沒有比統一意志、統一指揮更重要的了。意志統一、指揮統一，就能行動無滯礙而無往不勝。黃帝說過：『上下意志統一合乎用兵的規律，差不多能達到神奇的境界。』這一規律的運用貴在把握時機，其力量的顯示在於因勢利導，而最終能否取得成功，則主要維繫在君主身上。所以聖明的君王稱用兵為凶器，只在迫不得已時才用它。

「如今商王只知安於現狀，卻不知已面臨危亡；只知道縱情享樂，卻不明白災禍在即。國家能否長存，不在於它表面上的存在，而在於君主能慮及危亡；君主能否長樂，不在於耽於享樂，而在於君主能慮及禍殃。現在王已經考慮到了存亡安危這一根本問題，難道還顧慮什麼枝節方面嗎？」

武王曰：「兩軍相遇，彼不可來，此不可往，各設固備，未敢先發，我欲襲之，不得其利，為之奈何？」

太公曰：「外亂而內整，示饑而實飽，內精而外鈍；一合一離，一聚一散；陰其謀，密其機，高其壘，伏其銳士，寂若無聲，敵不知我所備；欲其西，襲其東。」

武王曰：「敵知我情，通我謀，為之奈何？」

太公曰：「兵勝之術，密察敵人之機而速乘其利，復疾擊其不意。」

【章旨】此章論述具體交戰中製造假象與奇兵取勝之術。

【語譯】武王問：「兩軍相遇，敵人不能來攻我，我也不能去攻敵，雙方都布置有堅固的防禦而不敢率先行動，我想要襲擊敵人，但沒有有利的時機，對此應怎麼辦？」

太公說：「讓部隊外表顯得混亂而內部實際上很嚴整，表面好像缺糧而實際上給養充足，外表顯得笨拙遲鈍而實際上卻是精銳之師；讓軍隊時合時離，或聚或散；要暗中計謀，保守機密，高築壁壘，埋伏精銳，保持靜寂無聲，使敵人不知道我已有所準備；進攻時，要聲東擊西。」

武王又問：「如果敵人已知道我的情況，了解我的計謀，對此又當怎麼辦？」

太公說：「用兵取勝的方法，在於密察敵情而及時利用其弱點，再迅速地打它個出其不意。」

卷二　武韜

發啟第十三

【題解】劉寅《直解》：「發啟者，開發啟迪其憂民之道也。」意思是說篇中所論，皆為太公啟發文王應怎樣拯救人民痛苦、奪取天下的原則和策略。通觀全篇，既論修德惠民，又講收攬民心，還談到用兵之道等等，雖然內容比較駁雜，但都圍繞著一個主題——滅商取天下，可知劉寅之言不虛。

文王在酆❶，召太公，曰：「嗚呼！商王虐極，罪殺不辜❷，公尚❸助予憂民，如何？」

太公曰：「王其❹修德以下賢，惠民以觀天道❺。天道無殃，不可先倡；人道❻無災，不可先謀。必見天殃，又見人災，乃可以謀。必見其陽，又見其陰，乃知其心；必見其外，又見其內，乃知其意；必見其疏，又見其親，乃知其情。

【章旨】此章太公告誡文王，若欲解除人民苦難，奪取天下，應當修德惠民，順應天意人願，同時周密地觀察敵方情形。

【注釋】❶酆　亦可作「豐」。古都邑名，與鎬京同為西周國都，在今陝西長安西南灃河以西，周文王伐崇侯虎後自岐遷此。❷不辜　無罪。辜，罪。❸尚　表示祈求語氣。❹其　表示祈使語氣，相當於「當」。❺天道　自然的規律。亦指天命、天象。❻人道　人事的發展變化規律或道德規範。

【語譯】文王在酆，召見太公，對他說：「唉！當今商王已經暴虐到了極點，任意地殺害那些無罪的人，我希望您能幫助我來關心民眾的疾苦，怎麼樣？」

太公說：「王應當修好自己的德行，並且禮賢下士，還要施恩惠於民，觀察天象的吉凶。在天象還沒有災難之兆時，不可以先行倡議推翻暴君；當社會上還沒有動亂的跡象時，也不可以先行謀劃興師之舉。一定要既看見了天災的徵兆，又見到了人禍的跡象，才可以策劃行動。一定要既看商王公開的言行，又觀察他暗中的所為，才能了解他的心術之善惡；一定要既看他在宮外推行什麼政治，又看他在宮內寵愛什麼樣的人，才能清楚他的志意是否迷亂；一定要既看他疏遠的是什麼人，又看他親近的是什麼人，才能明白他情感的向背。

「行其道❶，道可致❷也；從其門❸，門可入也；立其禮❹，禮可成也；爭其強，強可勝也。

【章旨】此章言欲取天下，還當推行正確的政治主張和建立起強有力的軍隊、國家制度。

【注釋】❶道　此指正確的政治主張，如弔民伐罪。❷致　達到；成功。❸門　此指一定的政治目標，如做天下的君王。❹禮　此指適應於社會發展需要的禮法制度及道德規範。

【語譯】「推行正確的政治主張，這主張就可實現；認準了建立功業的目標而努力不懈，這目標就能達到；努力去建立適應社會的禮法制度，這制度就能建成；爭取擁有強大的力量，強敵就可戰而勝之。

「全勝不鬥❶，大兵無創，與鬼神通。微哉！微哉！

【章旨】此章言用兵當追求的神通境界。

【注釋】❶全勝不鬥　取得全勝而不必經過戰鬥，即《孫子》「不戰而屈人之兵」之意。

【語譯】「獲得全勝而不必經過戰鬥，大規模用兵卻沒有傷亡，這真是達到了與鬼神相通的境界。微妙啊！微妙啊！

「與人同病相救，同情相成，同惡相助，同好相趨，故無甲兵❶而勝，無衝機❷而攻，無溝塹❸而守。

【章　旨】此章論要用兵取勝，就要與人同心同德。

【注　釋】❶甲兵　鎧甲與兵器。❷衝機　衝，衝車，古代攻城用的戰車，其形制，《淮南子注》：「大鐵著其轅端，馬披甲，車被兵，所以衝於敵城也。」機，弩機，弓上發箭的裝置，此代指弓箭。❸塹　壕溝；護城河。

【語　譯】「與人同疾苦而互相救濟，同情意而互相成全，同憎惡而互相幫助，同喜好而共同追求，所以即便沒有鎧甲兵器也能取勝，沒有衝車和弓箭也能進攻，沒有城濠也能防守。

「大智不智，大謀不謀，大勇不勇，大利不利。利天下者，天下啟❶之；害天下者，天下閉❷之。天下者非一人之天下，乃天下之天下也。取天下者，若逐野獸，而天下皆有分肉之心。若同舟而濟❸，濟則皆同其利，敗則皆同其害，然則皆有啟之，無有閉之也。

「無取於民者，取民者也；無取於國者，取國者也；無取於天下者，取天下者也。無取民者，民利之；無取國者，國利之；無取天下者，天下利之。故道在不可見❹，事在不可聞，勝在不可知。微哉！微哉！

【章　旨】此章論欲取天下，必須先造福於天下；唯有不取，方能得之，這是取天下的大道。

【注　釋】❶啟　開啟，此意為歡迎。❷閉　關閉，此意為拒絕。❸濟　渡水。❹道在不可見　意思是說用不取利於民的方法去取得民眾的擁護，這種方法是人所看不見的。

【語　譯】「有大智慧的人不會顯露自己的智慧，有深謀的人不會顯露自己的謀略，有大勇氣的人不會顯露自己的勇氣，圖大利的人不會顯露自己的利益。為天下謀利益的人，天下人都會歡迎他；使天下蒙受災害的人，天下人都會反對他。天下不是一個人的天下，而是天下人的天下。爭奪天下，就像追捕野獸，天下人都有分享獵物之心。如果能做到與人同舟共濟，成功了，大家同享利益，失敗了，大家共受其害，這樣，天下人就都只會歡迎他而不會反對他了。

「不去奪取民眾的利益，是取得民心的辦法；不去占取國家的利益，是取得國家大權的辦法；不去掠奪天下的利益，是取得天下的辦法。那是因為不去奪取民眾的利益，民眾將有利於他；不去占取國家的利益，國家將有利於他；不去掠奪天下的利益，天下將有利於他。所以這種方法之巧妙在於眾人不可能看見，事情之機密在於眾人不可能聽見，取勝之奧妙在於眾人不可能知道。微妙啊！微妙啊！

「鷙鳥❶將擊，卑❷飛斂翼；猛獸將搏，弭耳❸俯伏；聖人將動，必有愚色。

【章　旨】此章意在告誡文王，在暗中準備以待時機的同時，表面仍應裝得謙卑恭順，以免紂王察覺。

【注　釋】❶鷙鳥　猛禽，如鷹之類。❷卑　低。❸弭耳　猶「帖耳」。

【語　譯】「猛禽將要襲擊目標時，先要低飛斂翅；猛獸將要搏取獵物時，先要帖耳俯伏；聖人將要有所舉動時，一定先示人以愚鈍的樣子。

「今彼殷商，眾口相惑，紛紛渺渺❶，好色無極，此亡國之徵也。吾觀其野，草菅❷勝穀；吾觀其眾，邪曲❸勝直；吾觀其吏，暴虐殘賊，敗法亂刑：上下不覺，此亡國之時也。

「大明❹發而萬物皆照，大義發而萬物皆利，大兵發而萬物皆服。大哉聖人之德！獨聞獨見，樂哉！」

【章　旨】此章言商王朝已到了滅亡的邊緣，提醒文王在時機成熟時，當決然起兵討伐。

【注　釋】❶紛紛渺渺　形容動亂不已。紛紛，混亂貌。渺渺，水遠貌。❷菅　草名。又稱菅茅、苞子草。❸邪曲　不正。❹大明　指太陽。

【語　譯】「現在的殷商王朝，民眾中流言傳布，人心惑亂，動盪不安，而商王卻仍然荒淫無度，這是行將亡國的徵兆。我觀察他的田野，只見野草蓋過了穀子；我觀察在他周圍的那些人，其中不正直的超過了正直的；我觀察他的官吏，盡是些暴虐殘酷、敗亂刑法的人：對所有這些狀況，商王朝朝野上下毫無知覺，這是到了該亡國的時候了。

「偉大的太陽發出光輝，萬物就都得到普照；偉大的正義得到伸張，萬物就都受到利澤；偉大的軍隊一旦出動，萬物就都能收服。偉大啊聖人的德行！有獨到的見地，快樂呵！」

文啟第十四

【題解】文啟，舊說認為是「以文德啟迪其民也」。其實不然。通觀全篇，不難看出，本篇是說太公以文治思想啟示文王如何治理天下，而文治思想主要指的是無為而治的原則。文章指出無為而治為聖人治理天下的根本法則，貫徹這一法則，就能天下太平，萬物自然化育。在具體論述中，文章舉出了古代為政得失的三個層次，提出了「靜」的概念及如何做到使民心安靜，從而對無為而治作了進一步的闡釋。

文王問太公曰：「聖人何守？」

太公曰：「何憂何嗇❶？萬物皆得；何嗇何憂？萬物皆遒❷。政之所施，莫知其化；時之所在，莫知其移。聖人守此而萬物化，何窮之有？終而復始！

「優之游之❸，展轉❹求之；求而得之，不可不藏；既以❺藏之，不可不行；既以行之，勿復明之。夫天地不自明，故能長生；聖人不自明，故能名彰。

【章　旨】此章言治理天下，應當默默地遵循無為而治的原則。

【注　釋】❶嗇　堵塞；制止。❷遒　強勁有力，此為茁壯生長意。❸優之游之　從容不迫、安閒自得貌。❹展轉　反覆。❺以　通「已」。

【語　譯】文王問太公道：「聖人治理天下，應當遵守什麼原則？」

太公說：「無需憂慮什麼，也不必去制止什麼，萬物自然都可以得到；不必去制止什麼，也無需憂慮什麼，萬物自然都會茁壯生長。政教的施行，是人們在不知不覺中就受到了感化；時節的推移，是在人們不知不覺中就發生了變化。聖人遵守這一原則，萬物自然化而為善，哪裡會有什麼窮盡呢？結束了又會重新開始的！

「這種優游自如的治國之道，君主必須反覆探求；既已探求到了，就不可不永藏於心中；既已藏於心中了，就不可不實行之；既已實行了，就不要再去自我表明。天地不自我表明，所以能永遠存在；聖人不自我表明，所以能名聲顯赫。

「古之聖人，聚人而為家，聚家而為國，聚國而為天下，分封❶賢人以為萬國，命之曰『大紀』。陳其政教，順其民俗，群曲❷化直，變於形容❸；萬國不通，各樂其所，人愛其上，命之曰『大定』。嗚呼！聖人務靜之，賢人務正之；愚人不能正，故與人爭。上勞則刑繁，刑繁則民憂，民憂則流亡。上下不安其生，累世❹不休，命之曰『大失』。

【章　旨】此章敘述了古之君王治天下成敗的三個層次。

【注　釋】❶分封　即分封諸侯，是以封地連同居民分賞王室子弟和功臣的一種制度。這種制度規定諸侯在其封國內有世襲的統治權，而對天子，則有朝貢、提供軍賦、服從命令等職責。❷曲　邪僻不正。❸形容　指不良的舊習。❹累世　數世。

【語　譯】「古時候的聖人，把人們聚集起來組成家庭，把家庭聚集起來組成國家，把國家聚集起來組成天下，並分封賢人為諸侯，以形成許多國家，這種制度叫做『大紀』。宣揚政教，順應民俗，把各種邪僻之人感化成正直之人，使各種陳規陋習得到改變；各個國家不相往來，各得其樂，人人也都能尊長愛上，這叫做『大定』。唉！聖人致力於清靜無為，賢人致力於糾正邪僻，而愚人不能糾正邪僻，所以會與人相爭。處上位的君主如果勞碌，就會刑罰繁多，而刑罰繁多民眾就會憂懼，民眾憂懼自然就會流散逃亡。上下都無法安其生業，經歷了數代都未得改變，這叫做『大失』。

「天下之人如流水，障之則止，啟之則行，靜之則清。嗚呼！神哉！

聖人見其所始，則知其所終。」

文王曰：「靜之奈何？」

太公曰：「天有常形❶，民有常生❷，與天下共其生而天下靜矣。太上❸因之，其次化之。夫民化而從政，是以天無為而成事，民無與而自富，此聖人之德也。」

文王曰：「公言乃協予懷，夙夜❹念之不忘，以用為常。」

【章旨】此章提出了要讓民心「靜」及做到這點的方法，是對無為而治的進一步闡釋。

【注釋】❶常形　恆常的形態，如春、夏、秋、冬等。❷常生　經常的生業，如春耕、夏耘、秋收、冬息等。❸太上　最上；最高。❹夙夜　早晚。

【語譯】「天下民心有如流水，阻礙它就停止，開啟它就流動，靜澄它就清澈。呵！民心的變化真是神妙！聖人看到民心變化的萌芽，就能知道它的最終結果。」

文王問道：「要使民心安靜應當怎樣？」

太公說：「天有恆常的形態，民眾有經常的生業，能與天下之人共安生業，天下民心就安靜了。治理天下，最好的方法是順應民心，其次是感化民心。民眾被感化就會服從政治，因此上天無所作為卻能成就萬物，而民眾沒有施與也能自然致富，這就是聖人的德政了。」

文王說：「您的話深合我意，我自當早晚思念不忘，把它作為治理天下的常法。」

文伐第十五

【題解】《直解》曰：「文伐者，以文事伐人，不用交兵接刃而伐之也。」本篇所論文伐十二法，或美人淫樂消蝕其志氣，或阿諛奉承鬆懈其戒備，或賄賂離間籠絡其親信，總之，都是屬於所謂的「權謀詭詐」之道，但其目的，均是為了分化、瓦解、削弱敵方的力量，從而為軍事討伐創造有利的條件。因為文王向太公請教「文伐之法」，故取以名篇。

文王問太公曰：「文伐之法奈何？」

太公曰：「凡文伐有十二節❶：

「一曰因其所喜，以順其志。彼將生驕，必有好事❷，苟能因之，必能去之。

【章旨】此章言文伐第一法：因敵所好而助長其驕氣。

【注釋】❶節　事情的一端稱為一節。❷好事　喜好多事。

【語譯】文王問太公道：「文伐的方法如何？」

太公說：「大致說來，文伐的方法有十二種：

「一是按照敵人的喜好，設法滿足他的願望。這樣一來，他就會產生驕氣，就一定會有好大喜功之舉，如果我能加以利用，就一定能將他除掉。」

「二曰親其所愛，以分其威。一人兩心，其中❶必衰；廷無忠臣，社稷必危。」

【章　旨】此章言文伐第二法：拉攏敵君的寵愛之人。

【注　釋】❶中　通「忠」。

【語　譯】「二是親近敵君所寵愛的人，利用他影響敵君，以便削弱敵君的權威。一個人如有了二心，他心中的忠信必然衰退；朝廷中若沒有了忠臣，國家必然危亡。

「三曰陰賂左右，得情甚深。身內情外，國將生害。」

【章　旨】此章言文伐第三法：暗中賄賂敵君左右心腹，和他們建立感情。

【語　譯】「三是暗中賄賂敵君的左右心腹，和他們建立很深的感情。他們身居國內，感情卻在國外，國家就將有禍患了。

「四曰輔其淫樂，以廣其志。厚賂❶珠玉，娛以美人；卑辭委聽❷，順命而合。彼將不爭，奸節乃定❸。

【章　旨】此章言文伐第四法：助長敵君的淫樂之志。

【注　釋】❶賂　贈送財物。❷委聽　恭順聽命。❸奸節乃定　《武經七書講義》：「彼惟不爭，則彼之奸事，可得而預知之矣。」

【語　譯】「四是助長敵君的縱樂行為，以擴大他在這方面的意趣。可饋贈他豐厚的珍珠寶玉，並選送美女供其娛樂；還要言辭謙卑，恭順服從，聽從他的命令而迎合其心意。這樣，他將不會與我相爭，而整日沉溺在聲色之中不能自拔了。

「五曰嚴❶其忠臣，而薄❷其賂。稽留❸其使，勿聽其事，亟❹為置代❺，遺❻以誠事，親而信之，其君將復合❼之。苟能嚴之，國乃可謀。

【章　旨】此章言文伐第五法：用計交好敵國忠臣。

【注釋】❶嚴 尊敬，此有交好意。❷薄 輕視。❸稽留 停留；延滯。❹亟 趕快。❺置代 替換。❻遺 給予，此意為告訴。❼合 接觸；交往。

【語譯】「五是要尊敬敵國的忠臣，而不要去重視敵國的饋贈。當敵國忠臣前來出使時，要設法拖延，留住他，但是不要去聽他要陳述的事，在敵國為此趕緊要替換使節時，就把己方真實的回訊告訴他，以表示親近和信賴，這樣敵國君主下次就會仍派他來出使。如果能用這種方法來交好那些忠臣，敵國就可以謀取了。

「六曰收其內，間其外。才臣外相❶，敵國內侵，國鮮❷不亡。

【章旨】此章言文伐第六法：收買敵君的內臣，離間他的外臣。

【注釋】❶相 輔助。❷鮮 少。

【語譯】「六是收買敵君在朝廷內的大臣，離間他在朝廷外的大臣。有才幹的大臣在外幫助別國，而他國的勢力又內侵到了朝廷裡，這樣的國家少有不滅亡的。

「七曰欲錮❶其心，必厚賂之。收其左右忠愛，陰示以利，令之輕業❷，而蓄積空虛。

【章　旨】此章言文伐第七法：收買敵君的左右親近大臣，讓他們不恤民力物資，從事不必要的建設。

【注　釋】❶錮　禁錮；控制。❷輕業　輕率地大興土木。戰國晚期，韓國派間諜勸秦王築水利工程，就是希望因此消耗秦的國力，使其無力東侵。

【語　譯】「七是要想控制一個人的心，就一定要用豐厚的財物賄賂他。可以收買敵君的左右親近大臣，暗中許以好處，讓他們隨意地大興土木，從而造成敵國積蓄空乏。

「八曰賂以重寶，因與之謀，謀而利之，利之必信，是謂重親❶。重親之積，必為我用。有國而外，其地大敗。

【章　旨】此章言文伐第八法：以利引誘敵君，使其為我所用。

【注　釋】❶重親　《彙解》：「重結彼此之親好也。」

【語　譯】「八是以貴重的寶器賄賂敵君，趁勢與他共同謀劃，所謀之事要對他有好處，而且這好處一定要兌現，這就叫做『重親』——好比婚姻關係上的親上加親。『重親』積微成著之最後的結果，一定會被我所利用。敵君有國家而被外國利用，他的國家一定大大衰敗。

「九曰尊之以名，無難其身；示以大勢，從之必信。致其大尊，先為之榮，微❶飾聖人，國乃大偷❷。

【章　旨】此章言文伐第九法：以吹捧拍馬之術誘使敵君懈於國事。

【注　釋】❶微　巧妙。❷偷　怠惰。

【語　譯】「九是對敵國君主，要用顯赫的名號讓他感到尊貴無比，不要讓他受到危難；要給他造成眾望所歸的錯覺，服從他一定要恭恭敬敬。總之，要想使他自大自尊，應先給他以榮耀，再巧妙地把他吹捧成聖人，這樣，他對於國事就會大大地懈怠了。

「十曰下之必信，以得其情。承意應事，如與同生。既以得之，乃微收之；時及將至，若天喪之。

【章　旨】此章言文伐第十法：以虛假的態度來騙取敵君的友情。

【語　譯】「十是俯就敵君一定要表現得真心實意，以獲取對方的友情。承順他的意旨，應辦他的事務，就像與他是同胞兄弟那樣熱心。在獲得了敵君的友情和信任之後，就要巧妙地開始控制他；等到時機成熟，就像上天要它滅亡一樣將他消滅了。

「十一曰塞❶之以道：人臣無不重貴與富，惡死與咎❷，陰示大尊而微❸輸重寶，收其豪傑；內積甚厚，而外為乏；陰納智士，使圖其計；納勇士，使高其氣。富貴甚足而常有繁滋，徒黨已❹具，是謂塞之。有國而塞，安能有國？」

【章　旨】此章言文伐第十一法：用收買、偽裝等方法置敵君於困厄之境。

【注　釋】❶塞　困厄。❷咎　災禍。❸微　暗暗地。❹已　通「以」。因此。

【語　譯】「十一是用各種方法使敵君處於困厄之境：凡是為人臣民，沒有不看重富貴而害怕禍亡的，因此可以暗中許以尊貴之位，祕密饋贈貴重財寶，用來收買敵國的英雄豪傑；實際上儲蓄十分充裕，但外表卻要裝得很貧乏；要暗中交結有才智的人，讓他們圖謀大計；還要收羅勇士，以提高他們的士氣。那些貪圖富貴的人的願望都得到滿足，而且那樣的人還不斷增多，我們的黨徒也就因此而具備了，這就叫做置敵君於困厄之境。如果擁有國家卻又被置於困厄的處境，又怎麼能保有這個國家呢？

「十二曰養其亂臣以迷之，進美女淫聲❶以惑之，遺良犬馬以勞之，時與大勢以誘之。上❷察而與天下圖之。

【章　旨】此章言文伐第十二法：設法迷惑敵君心志，促其形體疲勞，好大喜功。

【注　釋】❶淫聲　春秋戰國時稱鄭、衛之音等俗樂為淫聲，以別於傳統的雅樂，後來漸漸用來泛指浮靡不正派的樂曲樂調。❷上　先。

【語　譯】「十二是扶植敵國的亂臣，用來迷亂敵君的心智；進獻美女和淫樂，用來迷惑敵君的心志；贈送良犬駿馬供其遊樂，用來使敵君神勞體憊；還要用所謂時機和有利的天下大勢，來誘使他好大喜功。最後，要首先觀察條件是否具備，然後與天下之人共同謀取他的國家。

「十二節備，乃成武事，所謂上察天，下察地，徵已見❶，乃伐之。」

【章　旨】此章總結文伐十二法是用武力奪取天下的先導。

【注　釋】❶見　「現」的本字。

【語　譯】「十二種方法全都運用了，才可以成就武功，這就是所謂上察天時，下觀地利，等到各種徵驗出現了，才可以舉兵討伐。」

順啟第十六

【題　解】順啟，即太公以順天下人心的道理啟迪文王。本篇提出了治理好天下必須具備的六項條件，鮮明地對比了造福人民和危害人民所會帶來的不同後果，最後歸結為有力的一句：「天下者非一人之天下，唯有道者處之」。本篇所論均就君主個人的德行而言，簡言之即一句話：為君者須為天下人的利益著想。

文王問太公曰：「何如而可為天下？」

太公曰：「大❶蓋天下，然後能容天下；信蓋天下，然後能約天下；仁蓋天下，然後能懷❷天下；恩蓋天下，然後能保天下；權蓋天下，然後能不失天下；事而不疑，則天運❸不能移，時變不能遷。此六者備，然後可以為天下政。

「故利天下者，天下啟之；害天下者，天下閉之；生天下者，天下德之；殺天下者，天下賊❹之；徹❺天下者，天下通之；窮天下者，天下仇之；安天下者，天下恃之；危天下者，天下災之。天下者非一人之天下，唯有道❻者處之。」

【注釋】❶大　《直解》、《彙解》均以為指器量而言。❷懷　懷柔，即招來安撫。❸天運　天體的運轉。❹賊　此指毀滅。❺徹　通暢。❻道　此指治天下之方略。

【語譯】文王問太公道：「怎樣才能治理天下？」

太公說：「器量之大可以覆蓋天下，然後才能包容天下；信義可以覆蓋天下，然後才能約束天下；仁慈可以覆蓋天下，然後才能懷柔天下；恩惠可以覆蓋天下，然後才能保有天下；權威可以覆蓋天下，然後才能不失去天下；遇事果決不疑，那就天體運行不能使他移動，四時更替也不能讓他變化。這六項條件都具備了，然後才可以治理天下的政治。

「所以給天下人帶來利益的人，天下人就歡迎他；給天下人帶來禍害的人，天下人就反對他；為天下人謀生存的人，天下人就報答他；殺害天下人的人，天下人就毀滅他；使天下人暢行無阻的人，天下人就歸順他；使天下人陷於窘境的人，天下人就仇視他；讓天下人安居樂業的人，天下人就依靠他；讓天下人遭受危難的人，天下人也將給他帶來災難：天下不是一個人的天下，只有懂得治天下方略的人才能夠做君主。」

三疑第十七

【題解】本篇主要論述如何解決「三疑」——攻擊強敵、離間敵人、瓦解敵眾，為此提出了因勢利導、巧用計謀、廣用錢財三種策略。在具體論述中，可以看出這三種策略並不是各自孤立的，有時必須同時使用，有時還須輔以其他手段。因武王問「三疑」，故取以名篇。

武王問太公曰：「予欲立功，有三疑——恐力不能攻強、離親、散眾，為之奈何？」

太公曰：「因之、慎謀、用財。

【章旨】此章提出解決三點疑慮的三條主要大法。

【語譯】武王問太公道：「我想要建立功業，但有三點疑慮——擔心自己的力量不足於攻克強敵，不能夠離間敵君的親信，不能夠瓦解敵國的民眾，對此該怎麼辦呢？」

太公說：「有三個辦法可以解決：因勢利導、巧用計謀、廣用錢財。

「夫攻強，必養之使強，益之使張。太強必折，太張必缺。攻強以強，離親以親，散眾以眾。」

【章旨】此章論述因勢利導之法。

【語譯】「進攻強敵，一定要先驕縱它，使它更為剛強；助長它，使它更為奮張。太過剛強，就一定會折斷；太過奮張，就一定會導致缺失。總之，要用助強之法來攻克強敵，要利用敵君的親寵來離間其親信，要利用籠絡民心來瓦解敵國的民眾。

「凡謀之道，周密為寶❶。設之以事，玩之以利，爭心必起。

「欲離其親，因其所愛與其寵人，與之所欲，示之所利，因以疏之，無使得志。彼貪利甚喜，遺疑乃止。

【章旨】此章論述用計謀和饋贈來離間敵君與其親信的關係。

【注釋】❶寶　在此是最重要的意思。

【語譯】「大凡運用計謀，周密最為重要。依據事機設置計謀，用好處加以逗引，人們一定會產生爭利之心。

「所以要想離間敵君的親信，可以從敵君的愛妾和寵人著手，給他們想要的東西，向他們暗示可得到的好處，趁勢就利用他們疏遠敵君與其親信的關係，不讓親信得志。這些人貪圖利益就只會很高興，對送給他們財物的懷疑也就會打消了。

「凡攻之道，必先塞其明，而後攻其強，毀其大❶，除民之害。淫之以色，啗❷之以利，養之以味，娛之以樂。

「既離其親，必使遠民。勿使知謀，扶而納之。莫覺其意，然後可成。

【章旨】此章言用色欲等迷惑敵君心智，使其既疏遠親信，又遠離民眾。凡此，亦須用謀。

【注釋】❶大　此指龐大的國家。❷啗　以利誘人。

【語譯】「大凡攻擊敵人的方法，一定要先蒙蔽敵君的視聽，然後進攻其強大的軍隊，滅亡其龐大的國家，鏟除人民的禍害。所以對敵國君主，可以用女色使他淫亂，用厚利引誘他，用五味供養他，用聲樂使他沉溺於行樂。

「在離間了他和親信的關係以後，還一定要讓他遠離民眾。但不能讓他覺察到這是個計謀，要慢慢地扶持，逐漸把他納入圈套中。只有他不察覺我們的用意，然後才可能成功。

「惠施於民，必無愛財。民如牛馬，數餧❶食之，從而愛之。」

【章旨】此章論用財籠絡民眾一定不能吝惜。

【注釋】❶餧　餵養。

【語譯】「對民眾施以恩惠，一定不能吝惜錢財。民眾就好比牛馬，要經常餵養他們，當他們順從時，要愛護他們。

「心以啟智，智以啟財，財以啟眾，眾以啟賢，賢之有啟，以王天下。」

【章旨】此章言欲得天下，要有智慧、財富以及民眾的支持。

【語譯】「以心來開啟智慧，以智慧來開發財富，以財富來發動民眾，以民眾的支持來招攬賢人的輔佐，能招致賢人，就可以做天下的君主。」

卷三　龍韜

王翼第十八

【題解】王翼，即君王的輔佐。本篇首先論述了對將帥的要求，那就是能夠通權達變，不死守一術，並且善於用人。接下來敘述的「腹心」以下七十二人，其實都是將帥的輔佐。然而將帥又何嘗不是君王的輔佐呢？故總以「王翼」名篇。篇中詳細列舉了七十二人的名目及職能，當時軍隊統帥部的組織機構，於此可見一斑。

武王問太公曰：「王者帥師，必有股肱羽翼❶，以成威神，為之奈何？」

太公曰：「凡舉兵帥師，以將為命❷。命在通達❸，不守一術；因能授職，各取所長；隨時變化，以為綱紀。故將有股肱羽翼七十二人，以應天道❹。備數❺如法，審知命理❻，殊能異技，萬事畢矣。」

【章旨】此章論述了軍隊統帥應當有良好的素質；還必須有各類輔佐人才。

【注釋】❶股肱羽翼　比喻將帥的輔佐人才。股，大腿。肱，胳膊。❷命　此指司命，即統帥。❸通達　通權達變。❹以應天道　古代計算天道運行，用鳥獸草木的變動來驗證季節的變易，於是將一年分為七十二候。股肱羽翼七十二人，正合一歲七十二候之數，所以說是「以應天道」。《彙解》引王漢若未有此說，又此說未釋何以取七十二之數，以「備數如法」，故不可從。❺備數　充數。❻命理　天命事理。

【語　譯】武王問太公道：「君王統帥軍隊，必須要有得力的左右幫手，以便使軍隊具有威力，用兵顯得神奇，對此該怎麼辦？」

太公說：「一般來說舉兵興師，都是以將帥為軍隊的統帥。作為統帥，要能通權達變，而不是墨守成規；要能依據各人的才能授以官職，做到吸取各人的長處；要能隨機應變，以此作為原則。因此將帥須有得力的助手七十二人，以便符合上天的法度。能按照這樣的原則配備齊助手，讓他們審慎地察知天命事理，發揮各自的才能和技藝，就無論什麼事都能做成了。」

武王曰：「請問其目？」

太公曰：「腹心一人，主潛謀應卒，揆❶天消變，總攬計謀，保全民命；

「謀士五人，主圖安危，慮未萌，論行能，明賞罰，授官位，決嫌疑，定可否；

「天文三人，主司星曆，候❷風氣，推時日，考符驗❸，校災異，知人心去就之機❹；

「地利三人，主三軍行止形勢、利害消息❺：遠近險易，水涸山阻，不失地利；

「兵法九人，主講論異同，行事成敗，簡練❻兵器，刺舉❼非法；

「通糧四人，主度飲食，〔備〕蓄積，通糧道，致❽五穀，令三軍不困乏；

「奮威四人，主擇材力，論❾兵革，風馳電擊，不知所由；

「伏鼓旗三人，主伏鼓旗，明耳目，詭符節❿，謬號令，闇忽⓫往來，出入若神；

「股肱四人，主任重持難，修溝塹，治壁壘，以備守禦；

「通材三人，主拾遺補過，應偶⓬賓客，論議談語，消患解結；

「權士三人，主行奇譎，設殊異，非人所識，行無窮之變；

「耳目七人，主往來聽言視變，覽四方之事、軍中之情；

「爪牙五人，主揚威武，激勵三軍，使冒難攻銳，無所疑慮；

「羽翼四人，主揚名譽，震遠方，搖動四境，以弱敵心；

「游士八人，主伺姦候變，開闔⓭人情，觀敵之意，以為間諜；

「術士二人，主為譎詐，依託鬼神，以惑眾心；

「方士二人，主百藥，以治金瘡⓮，以痊萬病；

「法算二人，主計會⓯三軍營壁、糧食、財用出入。」

【章　旨】此章敘述將帥各方面助手的名目及職責。

【注　釋】❶揆　揣度；觀測。❷候　伺望；觀測。❸符驗　符合應驗。❹機　關鍵。❺消息　消長。消，消減。息，增長。❻簡練　精選訓練。❼刺舉　檢舉揭發。❽致　籌集。❾論　通「掄」。選擇。❿符節　古代傳達命令或徵調兵將用作憑證的信物。用竹、木或金屬製成，上書文字，一剖為二，各執其一，使用時以兩片相合為驗。⓫闔忽　突然；迅疾。闔，遽然。⓬應偶　應對陪伴。⓭開闔　開閉，此意為調節、控制。⓮金瘡　金屬兵刃所造成的創傷。⓯計會　總計出入。

【語　譯】武王問：「請問這些助手的名目如何？」

太公說：「腹心一人，主掌暗中謀劃，應付突然事變，揣測形勢變化，總攬大計，以保全民眾生命安全；

「謀士五人，主掌策劃安定危局，考慮可能發生的事件，評議官兵的德行才能，明辨功罪賞罰，以便授予官職，決斷疑難，裁定各項措施是否妥當；

「天文三人，主掌天文曆數，觀測氣候變化，推算時日吉凶，稽考徵兆應驗，核查災異事件，研究人心向背的關鍵；

「地利三人，主掌觀察分析三軍行動和駐紮時的地理形勢，以及利害的消長因素，主要是距離的遠近和地形的險易，江河水情和山勢險阻，做到不失去地形上的有利條件；

「兵法九人，主掌論析各種形勢的異同，總結行動成敗的經驗，挑選和訓練各種兵器的使用，檢舉非法行為；

「通糧四人，主掌計劃給養，預備積蓄，保證糧餉運輸通暢，籌集五穀，使三軍不陷於困乏；

「奮威四人，主掌挑選智勇雙全的勇士，選配合適的兵器裝備，使他們行動起來有如風馳電掣，了無蹤跡；

「伏鼓旗三人，主掌掌旗敲鼓傳遞信號，使三軍耳聰目明，同時製造假符信，發布假號令來迷惑敵人，以保障自己的軍隊忽往忽來，行動如神；

「股肱四人，主掌繁重而艱難的工作，修理溝塹，整治壁壘，以便防禦；

「通材三人，主掌勸諫將帥過失，應對賓客，評議輿論，消除隱患，解決糾紛；

「權士三人，主掌實行奇謀詭計，安排常人不知道的絕術奇技，以便施行無窮的變化；

「耳目七人，主掌來來往往之間的探聽消息和觀察事態變化，以便了解四面八方的事情和軍隊中的情況；

「爪牙五人，主掌奮揚威武，激勵三軍，使他們能冒著危難進攻強敵而無所疑慮；

「羽翼四人，主掌播揚名譽，震懾遠方，搖撼四鄰，以削弱敵人鬥志；

「游士八人，主掌了解敵方醜事，探察敵國內亂，操縱人心，偵察敵人意圖，以便進行間諜活動；

「術士二人，主掌採用詭詐方法，假託鬼神，用來迷惑眾心；

「方士二人，主掌各種藥物，用來治療金創，醫治各類疾病；

「法算二人，主掌計算三軍的營房壁壘、糧食及錢財用品的賬目出入。」

論將第十九

【題解】《直解》：「論將者，評論將帥之賢否也。以武王問論將，故取以名篇。」本篇從德才兼顧的標準出發，評論了一個將帥所應當具有的五種才德和應該避免的十種缺點，特別強調了這十種缺點可能造成的不良後果以及將帥與國家存亡的密切關係，因而具有強烈的警省效果。

武王問太公曰：「論將之道奈何？」

太公曰：「將有五材❶、十過。」

武王曰：「敢問其目？」

太公曰：「所謂五材者，勇、智、仁、信、忠也。勇則不可犯，智則不可亂，仁則愛人，信則不欺，忠則無二心。

【章旨】此章論將帥應有的五種才德。

【注釋】❶材　通「才」。

【語　譯】武王問太公道：「評論將帥的標準是什麼？」

太公說：「有五種才德和十種缺點可作為評論將帥的標準。」

武王問：「請問它們的具體內容是什麼？」

太公說：「我所說的五種才德，是勇敢、智慧、仁慈、信義、忠誠。一個將帥如果勇敢就不可侵犯，如果有智慧就不會迷亂，如果仁慈就能愛人，如果講信義就不會欺騙，如果忠誠就不會有二心。

「所謂十過者，有勇而輕死者，有急而心速者，有貪而好利者，有仁而不忍人❶者，有智而心怯者，有信而喜信人者，有廉潔而不愛人❷者，有智而心緩者，有剛毅而自用者，有懦而喜任人者。

「勇而輕死者可暴也，急而心速者可久也，貪而好利者可遺❸也，仁而不忍人者可勞也，智而心怯者可窘也，信而喜信人者可誑❹也，廉潔而不愛人者可侮也，智而心緩者可襲也，剛毅而自用者可事❺也，懦而喜任人者可欺也。

【章　旨】此章論將帥應避免的十種缺點及其危害。

【注　釋】❶不忍人　不忍心傷人害物。❷廉潔而不愛人　自奉廉潔，但不肯愛人而近於刻薄。❸遺　此為賄賂意。❹誑　欺騙。❺事　服事；侍奉。

【語　譯】「我所說的十種缺點是：勇敢但輕率赴死，焦躁而急於求成，貪婪而好圖利益，仁慈但失於姑息，聰明但心中膽怯，講信義但輕信別人，自奉廉潔但不愛人，有智謀但生性拖拉，剛毅但剛愎自用，懦弱而喜歡依靠他人。

「勇敢而輕率赴死的人，容易被激怒；焦躁而急於求成的人，容易被持久戰拖垮；貪婪而好圖利益的人，容易被賄賂；仁慈但失於姑息的人，容易被煩擾而勞累；聰明但心中膽怯的人，容易被逼迫而陷於窘境；講信義但輕信別人的人，容易被欺騙；自奉廉潔但不愛人的人，容易被輕慢；有智謀但生性拖拉的人，容易被突襲；剛毅但剛愎自用的人，容易被恭順服事的假象所矇騙；懦弱而喜歡依靠他人的人，容易被人欺侮。

「故兵❶者，國之大事，存亡之道，命在於將。將者，國之輔，先王之所重也。故置將不可不察也。故曰：兵不兩勝，亦不兩敗。兵出踰境，期不十日，不有亡國，必有破軍殺將。」

武王曰：「善哉！」

【章　旨】此章論將帥與國家存亡的密切關係。

【注　釋】❶兵　用兵；戰爭。

【語　譯】「所以用兵，是國家的大事，是決定國家存亡的途徑，而它的命運掌握在將帥手裡。將帥，是國家的輔佐，是歷代君王都重視的。所以任命將帥不可以不仔細審察。所以說：用兵不會是雙方都獲勝，也不會是雙方都失敗。軍隊一旦出動越過了邊境，不出十天，不是滅亡敵國，就是兵敗將亡。」

武王說：「說得好極了！」

選將第二十

【題解】《直解》：「選將者，簡選士之能者而任之為將。蓋取書中之義以名篇。」文章列舉了士民的外表與實際不相符合的十五種表現，意在強調選拔將領時必須注意表裡一致，不被表面現象所迷惑。為此，文章進而提出了進行驗別的八種方法。顯然，本篇是寫怎樣辨賢否，而上一篇《論將》則是寫將帥所應有的才德，兩者可謂姐妹篇，應當合參。

武王問太公曰：「王者舉兵，欲簡練英雄，知士❶之高下，為之奈何？」

太公曰：「夫士外貌不與中情❷相應者十五：有（嚴）〔賢〕而不肖者，有溫良而為盜者，有貌恭敬而心慢❸者，有外廉謹而內無至誠者，有精精❹而無情者，有湛湛❺而無誠者，有好謀而不決者，有如果敢而不能者，有悾悾❻而不信者，有怳怳惚惚❼而反忠實者，有詭激❽而有功效者，有外勇而內怯者，有肅肅❾而反易人❿者，有嗃嗃⓫而反靜愨⓬者，有勢虛形劣而外出無所不至、無所不遂者。天下所賤，聖人所貴，凡人莫知，非有大明，不見其際⑬。此士之外貌不與中情相應者也。」

【章　旨】此章列舉了選拔將領時所當注意的表裡不一的種種表現。

【注　釋】❶士　士民，即古時士、農、工、商四民中學道藝或習武勇的人。❷中情　內中實際的感情與才德。❸慢　傲慢；輕慢。❹精精　精明。❺湛湛　忠厚貌。❻悾悾　誠懇貌。❼怳怳惚惚　又可作「恍恍惚惚」。心神不定；糊塗。❽詭激　奇異偏激，悖離常理。❾肅肅　嚴正恭敬貌。❿易人　輕視別人。⓫嗃嗃　嚴酷貌。⓬靜慤　沉靜樸實。⓭際　此意為實情。

【語　譯】武王問太公道：「君王起兵，想要選拔和訓練英雄俊傑，了解士民才德的高下，應該怎麼辦呢？」

太公說：「士民的外表和內裡不相符合的情形有十五種：有的人貌似德才皆備，實際上卻是既無才也無德；有的人表面上溫和善良，而實際上卻是個盜賊；有的人外表裝得恭恭敬敬，實際上內心卻十分輕慢；有的人表面上看起來既廉潔又謹慎，實際上卻並不是那麼誠實；有的人看起來好似精明能幹，其實並無真才實學；有的人貌似忠厚，但實際上並不老實；有的人喜歡謀劃，但並不果斷；有的人似乎很勇敢而有決斷，但實際上並非如此；有的人貌似誠懇，實際上卻不講信義；有的人看上去糊裡糊塗、心神不定，實際上反而是忠實可靠；有的人言行偏激反常，但辦事卓有功效；有的人表面上很勇敢，實際上內心十分膽怯；有的人看上去嚴正恭敬，實際上對人輕慢；有的人貌似嚴酷，實際上反而沉靜忠厚；有的人外表虛弱，其貌不揚，但奉命外出，卻沒有到不了的地方，沒有達不成的任務。此外，有些天下眾人所輕賤的人，卻可以為聖人所器重。一般的人自然不會明白其中的道理；除非有高明的見識，否則是看不到這些人的價值的。這些，就是士民的外表與內裡不相符合的大致情形。」

武王曰：「何以知之？」

太公曰：「知之有八徵❶：一曰問之以言以觀其辭，二曰窮之以辭以觀其變，三曰與之間謀以觀其誠，四曰明白顯問以觀其德，五曰使之以財以觀其廉，六曰試之以色以觀其貞❷，七曰告之以難以觀其勇，八曰醉之以酒以觀其態。八徵皆備，則賢、不肖別矣。」

【章旨】此章提出驗別士民賢否的八種方法。

【注釋】❶徵　證明；證驗。❷貞　正派。

【語譯】武王問：「用什麼辦法可以真正了解他們呢？」

太公說：「要真正了解一個人，有八種檢驗方法：一是向他提出問題，看他言辭是否清楚周密；二是追問到底，看他是否有應變能力；三是讓人暗中與他謀劃壞事，看他是否忠誠；四是清楚而直捷地提出問題，看他的回答是否有隱瞞或誇張之處，以了解他的品德如何；五是讓他支配財物，看他是否廉潔；六是用女色去試他，看他的操行如何；七是把危難的情形告訴他，看他是否勇敢；八是讓他喝醉酒，看他醉態如何。八種檢驗的方法都用上了，一個人的賢或者不肖也就區別出來了。」

立將第二十一

【題解】本篇因為武王問「立將之道」而名篇，其內容主要有兩個方面：一是敘述了國難之時君主建立大將的禮儀，當然這敘述比較簡略。二是指出了主將帶兵出征時兵權專一的重要性，強調「軍不可從中御」。這無疑是古代戰爭中的一條重要規律，古人所謂「將在外，君命有所不受」，也是這個意思。

武王問太公曰：「立將之道奈何？」

太公曰：「凡國有難，君避正殿，召將而詔之曰：『社稷安危，一❶在將軍。今某國不臣❷，願將軍帥師應之。』

「將既受命，乃命太史卜。齋三日，之❸太廟❹，鑽靈龜❺，卜吉日，以授斧鉞❻。君入廟門，西面而立；將入廟門，北面而立。君親操鉞持首，授將其柄，曰：『從此上至天者，將軍制之。』復操斧持柄，授將其刃，曰：『從此下至淵者，將軍制之。見其虛則進，見其實則止；勿以三軍為眾而輕敵，勿以受命為重而必死，勿以身貴而賤人，勿以獨見而違眾，勿以辯說為必然；士未坐勿坐，士未食勿食，寒暑必同。如此，士卒必盡死力。』」

【章　旨】此章敘述國家有難時君主建立主將的禮儀。

【注　釋】❶一　全部。❷不臣　不守臣道，即犯上作亂。❸之　往；到。❹太廟　天子的祖廟。❺鑽靈龜　商代占卜時，先要在龜甲的內面鑽出棗核形的窪穴，然後再燒灼窪穴，視龜甲上的「卜」字形裂痕以占吉凶。❻鉞　古兵器，用於斫殺，圓刃，狀如大斧，有穿孔安裝長柄。鉞和斧一起，又往往作為刑罰、權力的象徵。

【語　譯】武王問太公道：「任命主將的方式如何？」

太公說：「大凡國家遇有危難時，國君就離開正殿，召見主將而詔告他說：『國家的安危，全在將軍身上了。現在某國不守臣道背叛了，希望將軍能率領軍隊去對付他們。』

「主將接受詔命之後，國君就命令太史占卜。國君齋戒三日後，前往祖廟，鑽灼龜甲，占卜吉日，以便授斧鉞給主將。到了吉日，國君進入祖廟門，面向西而立；主將進入祖廟門，面向北而立。國君親自持著鉞首，把鉞柄授給主將，說：『從此，軍中上至於天的一切事情全由將軍節制。』又操著斧柄，將斧的刃部授給主將，說：『從此，軍中下至於深淵的一切事情都由將軍節制。見敵人虛弱就前進，見敵人強大就停止；不要因為三軍人數眾多而輕敵，不要因為肩負的使命重大而只求必死，不要因為自己身分高貴而輕賤他人，不要因為自己的見解獨特而強違眾意，不要把詭辯遊說當作真理；士卒還沒坐你不要先坐，士卒還沒用飯你不要先用飯，無論寒暑冷暖，你都要和士卒們同享共患。如果這樣，士卒們一定會拼死效力。』

「將已受命，拜而報❶君曰：『臣聞國不可從外治，軍不可從中❷御。二心不可以事君，疑志不可以應敵。臣既受命專斧鉞之威，臣不敢生還。願君亦垂一言之命❸於臣，君不許臣，臣不敢將！』

「君許之，乃辭而行。軍中之事，不聞君命，皆由將出，臨敵決戰，無有二心。若此，則無天於上，無地於下，無敵於前，無君於後。是故智者為之謀，勇者為之鬥，氣厲❹青雲，疾若馳騖❺，兵不接刃，而敵降服。戰勝於外，功立於內，吏遷❻士賞，百姓歡悅，將無咎殃。是故風雨時節，五穀豐熟，社稷安寧。」

武王曰：「善哉！」

【章　旨】此章強調了兵權專一的重要性。

【注　釋】❶報　答覆；回報。❷中　指朝廷。❸一言之命　指一個人說了算的權力。❹厲　振奮；飛揚。❺騖　奔馳；急速。❻遷　升官。

【語　譯】「主將接受了任命，就拜復國君說：『臣聽說國家不可以從外部治理，軍隊不可以從朝中控制。有了二心就不可以侍奉君主，意志猶疑就不可以對付敵人。臣既受命統帥軍隊，就不敢抱有生還的念頭。希望君王垂賜予臣獨斷的大權，王不答應臣，臣不敢擔任大將之職。』

「國君答應了他，主將於是辭別君主出發。所有的軍中事務，不聽到有國君的命令，一切指令均由主將頒發，所以臨敵決戰，沒有二心。這樣，主將指揮軍隊就能上不受天時制約，下不受地理限制，前無敵人能夠阻擋，後無君主從中牽制。因此有智謀的人都願意為他謀劃，有勇力的人都甘心為他戰鬥，士氣直衝雲霄，行動疾如奔馬，兵器尚未相交，敵人就已降服。戰爭取勝於外，功名建立於內，官吏升遷，士卒受賞，百姓歡樂喜慶，主將沒有災禍。因此風調雨順，五穀豐登，國家安寧。」

武王說：「說得好極了！」

將威第二十二

【題解】本篇論述將帥如何建立自己的威信，提出了兩條：一是「刑上極」，即刑罰敢於上及最上層，敢於誅殺權貴；一是「賞下通」，即獎賞要能下及最下層人員。將帥做到這兩條，威信也就建立起來了。因為武王問「將何以為威」，故取以名篇。

武王問太公曰：「將何以為威？何以為明？何以為禁止而令行？」

太公曰：「將以誅大為威，以賞小為明，以罰審為禁止而令行。故殺一人而三軍震者殺之，賞一人而萬人說者賞之；殺貴大，賞貴小。殺及當路❶貴重之臣，是刑上極也；賞及牛豎❷、馬洗❸、廄養之徒，是賞下通也。刑上極，賞下通，是將威之所以行也。」

【注釋】❶當路　當仕路，即仕途風順。❷豎　僮僕。❸馬洗　馬前引導之人。又稱作洗馬、先馬、前馬。

【語譯】武王問太公道：「將帥用什麼方法來建立威信？用什麼方法來體現明察？用什麼方法來做到令行禁止？」

太公回答說：「將帥用誅殺官職大的人來建立威信，用獎賞地位低的人來體現明察，用審慎處罰來做到令行禁止。所以殺一人能使三軍震動的，就殺他；賞一人能使萬人歡喜的，就賞他。誅殺貴在殺官職大的人，獎賞貴在賞地位低的人。誅殺正當仕途風順的權貴大臣，這是刑罰能上及最上層；獎賞牛僮、馬前卒及飼養員之類的人，這是獎賞能下達最低層。刑罰能上及最上層，獎賞能下達最低層，這就是將帥的威信能傳布的原因。」

勵軍第二十三

【題解】怎樣才能激勵三軍士氣，使他們能不怕危難，爭先赴敵？針對這個問題，本篇從「服禮」、「服力」、「服止欲」等三個方面對將帥提出了要求，指出將帥如能以身作則，身體力行，與士卒同甘共苦，三軍士眾自然就能冒死犯難，爭先殺敵。

武王問太公曰：「吾欲令三軍之眾，攻城爭先登，野戰爭先赴，聞金聲❶而怒，聞鼓聲而喜，為之奈何？」

太公曰：「將有三。」

武王曰：「請問其目？」

太公曰：「將冬不服裘，夏不操扇，雨不張蓋❷，名曰禮將。將不身服❸禮，無以知士卒之寒暑。出隘塞，犯泥塗，將必先下步，名曰力將。將不身服力，無以知士卒之勞苦。軍皆定次❹，將乃就舍；炊者皆熟，將乃就食；軍不舉火，將亦不舉，名曰止欲將。將不身服止欲，無以知士卒之饑飽。將與士卒共寒暑、勞苦、饑飽，故三軍之眾，聞鼓聲則喜，聞金聲則怒；高城深池❺，矢石繁下，士爭先登；白刃始合，士爭先赴。士非好死而樂傷也，為其將知寒暑、饑飽之審，而見勞苦之明也。」

【注釋】❶金聲　金屬樂器之聲。此指古代軍中用以節止步伐的樂器鉦發出的聲音。❷蓋　車蓋，用作遮陽擋雨。❸服　從事；擔任；力行。❹定次　停下來紮營。❺池　城壕；護城河。

【語譯】武王問太公道：「我想要使三軍的士眾，攻城時都能爭先攀登，野戰時都能爭先赴敵，聽到要他們停止的鉦聲就憤怒，聽到讓他們前進的鼓聲就高興，應當怎麼辦？」

太公回答說：「將帥有三點必須做到。」

武王說：「請問它們的具體內容？」

太公說：「將帥冬天不穿皮衣，夏天不執扇子，雨天不張車蓋，這叫做『禮將』。將帥不親身力行禮法，就無從了解士卒的冷暖。越過險地要塞，通過泥濘道路，將帥一定先下車步行，這叫做『力將』。將帥在這方面不身體力行，就無從體察士卒的勞苦。軍隊都停下來紮營就緒，將帥才就宿；全軍的飯菜都已燒好，將帥才進餐；軍隊如果不生火，將帥也就不生火，這叫做『止欲將』。

將帥自己不能做到克制欲望，就無從體會士卒的饑飽。將帥能與士卒共冷暖、共勞苦、共饑飽，所以三軍士眾，聽到前進的鼓聲就高興，聽到停止的鉦聲就憤怒；高城深壕，箭石如雨，他們也能爭先登城；兵刃方交，他們全都爭先向敵。士卒們並非喜歡死亡和樂於負傷，而是因為他們的將帥了解他們的冷暖和饑飽十分詳盡，體察他們的勞苦非常深切啊！」

陰符第二十四

【題解】陰符，是古代的一種祕密通訊方法。本篇舉出了君主與帶兵在外作戰的將帥之間互通訊息的八種陰符，分別介紹了它們的形制及傳達的訊息。

武王問太公曰：「引兵深入諸侯之地，三軍卒❶有緩急❷，或利或害，吾將以近通遠，從中應外，以給三軍之用，為之奈何？」

太公曰：「主與將有陰符凡八等：有大勝克敵之符，長一尺；破軍擒將之符，長九寸；降城得邑之符，長八寸；卻敵報遠之符，長七寸；警眾堅守之符，長六寸；請糧益兵之符，長五寸；敗軍亡將之符，長四寸；失利亡士之符，長三寸。諸奉使行符，稽留若❸符事聞、泄告者，皆誅之。八符者，主、將祕聞❹，所以陰通言語、不泄中外相知之術，敵雖聖智，莫之能識。」

武王曰：「善哉！」

【注釋】❶卒 通「猝」、「促」。急遽貌。❷緩急 偏義複詞，急。❸若 或者。❹祕聞 此意為暗號。

【語譯】武王問太公道：「將帥帶兵深入諸侯之地，三軍突然碰到緊急情況，或者有利，或者有害，我想要從近處通知遠方，從國內策應外地，以滿足三軍的需要，應當怎麼辦呢？」

太公說：「君主和將帥之間共有八種祕密通訊的符節：有打敗敵人，大獲全勝之符，長一尺；擊破敵軍，擒獲敵將之符，長九寸；降服都城，占領城邑之符，長八寸；擊退敵人，報知遠方之符，長七寸；警告士眾，堅守陣地之符，長六寸；請求調糧，增加兵力之符，長五寸；軍隊敗北，將領亡沒之符，長四寸；戰鬥失利，士卒傷亡之符，長三寸。凡是奉命出使傳遞陰符的人，如果稽留不前或是符中的消息被人聞知傳告，都要被處死。八種陰符，是君主與將帥間的暗號，是用來暗通信息、不泄漏朝中和外地相互了解情況的一種方法，敵人即便有聖人般的聰明，也沒有辦法識破它。」

武王說：「好極了！」

陰書第二十五

【題解】陰書，是古代的一種祕密通訊方法，用以君主和將帥之間的通信，不讓他人知道信的內容。本篇介紹了陰書的形式、使用及作用。

武王問太公曰：「引兵深入諸侯之地，主、將欲合兵❶，行無窮之變，圖不測之利，其事煩多，符不能明，相去遼遠，言語不通，為之奈何？」

太公曰：「諸有陰事大慮❷，當用書不用符。主以書遺將，將以書問主。書皆一合而再離，三發而一知。再離者，分書為三部；三發而一知者，言三人人操一分，相參❸而不相知情也。此謂陰書，敵雖聖智，莫之能識。」

武王曰：「善哉！」

【注釋】❶合兵　交戰。❷陰事大慮　機密的事情和遠大的計謀。❸參　參差；不齊貌。

【語譯】武王問太公道：「率軍深入諸侯之地，君主和將帥想與敵人交戰，進行無窮無盡的變化，謀取出人意料的利益，然而軍務繁多，陰符不能表達清楚，而彼此又相距遙遠，無法通話，對此該怎麼辦？」

太公說：「凡是機密軍務和遠謀大計，應當用陰書而不用陰符。君主把意圖用陰書傳達給將帥，將帥用陰書來向君主請示。這些書信都是『一合而再離，三發而一知』。再離，是把一封書信分成三部分；三發而一知，是說用三個人，讓每個人都只持信的一部分，並且使他們相互錯開送出，因而互相都不了解信的內容。這就叫做陰書，敵人縱然有聖人般的聰明，也無法識別。」

武王說：「好極了！」

軍勢第二十六

【題解】根據劉寅《直解》：「軍勢者，行軍破敵之勢也。」確切地說，本篇所論的是如何造成和利用能資以擊敗敵人的有利態勢。基於這一點，文章論述了對敵作戰中的一些重要原則：一是要善於用謀，做到神機莫測；二是要注意天時地利方面的條件；三是要果斷不疑，把握戰機，行動迅疾。本篇縱橫捭闔，論證充分，具有充沛之氣勢，因而有很強的感染力。

武王問太公曰：「攻伐之道奈何？」

太公曰：「（資）〔勢〕因敵（家）〔眾〕之動，變生於兩陳❶之間，奇正❷發於無窮之源❸。故至事❹不語，用兵不言；且事之至者，其言不足聽也，兵之用者，其狀不足見也。倏❺而往，忽而來，能獨專而不制者，兵也。夫兵，聞則議，見則圖，知則困，辨則危。故善戰者，不待張軍❻；善除患者，理於未生；善勝敵者，勝於無形。上戰無與戰。故爭勝於白刃之前者，非良將也；設備於已失之後者，非上聖❼也；智與眾同，非國師❽也；技與眾同，非國工❾也。事莫大於必克，用莫大於玄默❿，動莫神於不意，謀莫善於不識。夫先勝者，先見弱於敵而後戰者也，故事半而功倍焉！

【章　旨】此章言用兵為最富變化之事，故善戰者善於用謀，勝於無形。

【注　釋】❶陳　同「陣」。❷奇正　古時用兵，以對陣交鋒為正，以出其不意邀截襲擊為奇。❸無窮之源　指將帥的無窮智慧。❹至事　最重要或最機密的事情。❺倏　疾奔貌。❻張軍　布置軍隊。❼聖　聰明。❽國師　此指全國才智最高、學識最富的人。❾國工　國中技藝高超的人。❿玄默　玄妙而祕默，即深藏韜略，以靜制動之意。

【語　譯】武王問太公道：「攻擊敵人的原則是什麼？」

太公說：「進攻的態勢隨著敵人的行動而變化，隨機應變產生於兩軍對陣之間，奇兵與正兵的運用來源於將帥無窮的智慧。所以最機密的事情不會隨便說出來，用兵的計謀更不會輕易洩露；而且事關最高機密，有關它的傳聞就不足以聽信，事關用兵的謀略，它的表面現象就不足以見而信之了。倏忽而往，倏忽而來，能夠獨斷專行而不受制於人的，就是用兵。用兵時，如果被敵人聽到了我軍的情況，就一定會議論我軍的動靜；如果被敵人看見了我軍的行動，就一定會設法了解我軍的虛實；我軍的動靜如果讓敵人知道了，就會被敵人圍困；我軍的虛實如果讓敵人弄清了，就會給自己帶來危險。所以善於戰鬥的人，不必等待布置好軍隊；善於消災弭禍的人，在禍患萌生之前就採取措施，善於戰勝敵人的人，取勝於無形之中。最完美的戰爭是不必交戰就能戰勝敵人。所以在兵刃相交中爭取勝利的，不是好將帥；在失利之後才來設防的，不是第一等的聰明；才智與眾人相同，稱不上是國師；技藝與一般人相同，算不上最優秀的工匠。兵事沒有比定要戰勝敵人更重要的了；作用沒有比玄妙而靜默更巨大的了，行動沒有比出其不意更神妙的了，謀略沒有比為人不識更高明的了。戰前就確立勝勢，就是先示弱於敵而後才與之交戰，所以能夠事半而功倍呵！

「聖人徵❶於天地之動，孰❷知其紀❸，循陰陽之道❹而從其候❺，當❻天地盈縮❼，因以為常。物有死生，因天地之形❽。故曰：未見形而戰，雖眾必敗。

【章　旨】此章論作戰必須注意天時和地利。

【注　釋】❶徵　徵驗；觀察。❷孰　同「熟」。❸紀　法度；準則。❹陰陽之道　天地日月運行之規律。❺候　隨著天地日月運行所出現的變化徵兆。❻當　相當；對等。此引申為匹配。❼天地盈縮　意同「陰陽之道」。陽氣上升則陰氣下降，陰氣上升則陽氣下降；氣升為盈，氣降為縮，一盈一縮，即所謂「天地之動」、「陰陽之道」。❽形　形態；表現。

【語　譯】「聖人徵驗於天地的運動變化，熟知其規則法度，因此遵循陰陽消長的規律而遵從其時令之變化，配合天地間的陰陽升降，建立起永久的法則。萬物有死有生，全都依隨著天時地利的形態變化。所以說：沒有掌握天時地利方面的形勢就與敵人交戰，即便人數眾多也必定失敗。

「善戰者，居之不撓，見勝則起，不勝則止。故曰：無恐懼，無猶豫；用兵之害，猶豫最大；三軍之災，莫過狐疑。善〔戰〕者，見利不失，遇時不疑；失利後時，反受其殃。故智者從之❶而不釋❷，巧者一決而不猶豫，是以疾雷不及掩耳，迅電不及瞑目，赴之若驚，用之若狂，當之者破，近之者亡，孰❸能禦之？

【章　旨】此章論用兵當果決而行，不失戰機。

【注　釋】❶之　指有利的作戰時機。❷釋　捨去；放棄。❸孰　誰。

【語　譯】「善於打仗的人，停留待機時能不受干擾，見到勝機時就起兵，沒可能取勝時就停止。所以說：不要恐懼害怕，不要猶豫不決；用兵的害處，數猶豫最大；三軍的災難，沒有超過狐疑的。善於用兵的人，見到形勢有利時決不錯過，遇到戰機來臨時決不遲疑；錯過有利的形勢，失去有利的戰機，反而會身受其害。所以有智慧的人抓住戰機就不再放棄，高明的人一經決定就不再猶豫，因此他們用起兵來才能像迅雷不及掩耳，疾電不及閉目，前進時如受驚的奔馬，戰鬥時如發狂的猛獸，敢於阻擋它的就被擊破，敢於靠近它的就被消滅，這樣的軍隊，又有誰能抵禦得了呢？

「夫將有所不言而守者，神也；有所不見而視者，明也❶。故知神明之道者，野無衡❷敵，對無立國。」

武王曰：「善哉！」

【章旨】此章回結上文，指出將帥超人的見識，是軍隊戰無不勝的保證。

【注釋】❶夫將有所不言四句　《淮南子・兵略》：「見人所不見謂之明，知人所不知謂之神。神明者，先勝者也。」❷衡　相當；匹敵。

【語譯】「將帥如能做到他人尚不能言而他已守持於胸，就叫做神；他人尚未及見而他已視若明睹，就叫做明。所以懂得如何做到神明的將帥，野戰中就無可相匹敵的敵手，面前就沒有屹立不倒的敵國。」

武王說：「說得太好了！」

奇兵第二十七

【題解】本篇說的奇兵，是說用兵上變化無窮，出奇制勝。文章首先提出了獲得「神勢」在用兵克敵制勝上的重要性，接著論述了造成「神勢」的二十六種方法，其中既有如何治理軍隊，鼓舞士氣，又有如何利用天時地利，既有如何準備後勤，又有如何誘騙敵人等等，內容豐富，反映了當時軍隊的作戰經驗。當然這一切都離不開謀劃調遣，所以文章最後又指出了將帥應有的才德及其與軍隊和國家命運的密切關係。

武王問太公曰：「凡用兵之道，大要何如？」

太公曰：「古之善戰者，非能戰於天上，非能戰於地下，其成與敗皆由神勢❶，得之者昌，失之者亡。

【章旨】此章提出「神勢」為克敵制勝的關鍵。

【注釋】❶勢　此或指形勢，或指態勢。

【語譯】武王問太公道：「大凡用兵的法則，其要旨是什麼？」

太公說：「古時候善於打仗的人，不是由於能在天上作戰，也不是因為能在地下作戰，他們的勝利或失敗，全都在於是否造成或利用了神奇的形勢，得到這種形勢的就勝利，失掉這種形勢的就敗亡。

「夫兩陳之間，出甲陳兵，縱卒亂行❶者，所以為變也；深草蓊翳❷者，所以逃遁也；溪谷險阻者，所以止車禦騎也；隘塞山林者，所以少擊眾也；坳澤❸窈冥❹者，所以匿其形也；清明無隱者，所以戰勇力也；疾如流矢、〔擊〕如發機者，所以破精微也；詭伏設奇，遠張誑誘者，所以破軍擒將也；四分五裂者，所以擊圓破方也；因其驚駭者，所以一擊十也；因其勞倦暮舍者，所以十擊百也；奇伎者，所以越深水、渡江河也；彊弩長兵者，所以踰水戰也；長關遠候❺，暴疾謬遁❻者，所以降城服邑也；鼓行喧囂者，所以行奇謀也；大風甚雨者，所以搏前擒後也；偽稱敵使者，所以絕糧道也；謬號令，與敵同服者，所以備走北❼

也；戰必以義者，所以勵眾勝敵也；尊爵重賞者，所以勸用命❽也；嚴刑罰者，所以進❾罷怠❿也；一喜一怒、一與一奪、一文一武、一徐一疾者，所以調和三軍、制一⓫臣下也；處高敞者，所以警守也；保阻險者，所以為固也；山林茂穢⓬者，所以默往來也；深溝高壘，〔積〕糧多者，所以持久也。

【章旨】此章言造成或利用「神勢」的二十六種方法。

【注釋】❶行　行列。❷蓊薈　草木茂盛貌。❸坳澤　低凹聚水之處。❹窈冥　幽暗貌。❺長關遠候　在遠處設置關卡，把偵察員派到遠方。候，今所謂偵察員。❻暴疾謬遁　《直解》：「暴疾往來，詐謬遁逃。」❼走北　敗逃。❽用命　服從命令；效命。❾進　促進；鞭策。❿罷怠　疲困怠惰。罷，通「疲」。⓫制一　節制統一。⓬茂穢　茂盛蕪雜。穢，同「薉」。

【語譯】「兩軍對峙，列出甲士，排成兵陣，放縱士卒，淆亂行列，是為了行變詐之術；草木茂密之處，便於撤退隱遁；溪谷險阻地段，可用來阻止敵方的戰車和抵禦敵人的騎兵；險隘關塞山阪林木的地形，能以少擊眾；低窪幽暗地區，能隱蔽部隊行蹤；占據一覽無餘、無所隱蔽之地，便於以勇力與敵交戰；行動迅疾如箭鏃之飛逝，攻擊猛烈如弩機之發動，能擊破敵人的精妙謀略；巧妙埋伏，設置奇兵，遠遠地張開陣勢誘騙敵人，能擊潰敵軍，擒獲敵將；將部隊分成四五路多方出擊，能打破敵軍的方陣或圓陣；乘敵人受驚駭怕之時進攻，能以一擊十；乘敵人疲憊夜宿時突然襲擊，能以十擊百；使用奇巧的技術，能越過深水，飛渡江河；使用強弩和長兵器，能越水作戰；在遠處設關卡，派偵察，部隊行動迅疾，進退詭詐，能降服敵人的城邑；故意擊鼓前行，喧囂鼓噪，是為了便於施行奇謀妙略；大風大雨，敵人前後不能呼應時，可以攻擊其前軍或後軍；偽稱是敵方使者，可以斷絕敵人的糧道；發假號令，與敵軍穿同樣的服裝，是為了預備敗退。作戰時一定要以正義相號召，是為了激勵士眾戰勝敵人；封官進爵，重金懸賞，是為了鼓勵官兵盡心效命；嚴明刑罰，是為了鞭策疲困怠惰的人奮力向前；有喜有怒、有賞有罰、有文有武、有緩有疾，是為了協調三軍，統一部下；占據高大而寬敞之地，是為了警戒守衛；保有險阻之地，是為了便於固守；行軍於山林茂密、荒草蕪雜之地，是為了能悄悄地往來進退；挖掘深溝，構築高壘，廣積糧食，是為了能長期作戰。

「故曰：不知戰攻之策，不可以語敵；不能分移❶，不可以語奇；不通治亂，不可以語變。故曰：將不仁，則三軍不親；將不勇，則三軍不銳；將不智，則三軍大疑；將不明，則三軍大傾❷；將不精微，則三軍失其機；將不常戒，則三軍失其備；將不彊力❸，則三軍失其職。故將者，人之司命❹，三軍與之俱治，與之俱亂。得賢將者，兵彊國昌；不得賢將者，兵弱國亡。」

武王曰：「善哉！」

【章旨】此章論將帥的才智品德對軍隊以至於整個國家命運的重要意義。

【注釋】❶分移　指兵力的分配調遣。❷傾　覆滅。❸彊力　勉力。❹司命　神名，有大司命、少司命之分，大司命主管人的生死。

【語譯】「所以說：不懂得戰鬥進攻的策略，就沒有資格談對敵作戰；不能夠靈活布署和調遣兵力，就沒有資格談出奇制勝；不精通軍隊的治亂之道，就沒有資格談隨機應變。所以說：將帥不仁愛，三軍就不會和他相親；將帥不勇敢，三軍就不會精銳；將帥不機智，三軍就會疑懼；將帥不英明，三軍就會大覆滅；將帥謀略不精微，三軍就失去了勝機；將帥不時常警惕，三軍就會失去戒備；將帥不勉力於軍務，三軍就會失職誤事。所以將帥，是掌握人的生死的司命之神，三軍的治取決於他，三軍的亂也取決於他。有了賢明的將帥，就能軍隊強大，國家昌盛；沒有賢明的將帥，就會軍隊弱小，國家滅亡。」

武王說：「說得好極了！」

五音第二十八

【題　解】本篇描述了如何以五聲與五行相配，運用其相生相剋的理論來判斷敵情，指導用兵。這種充滿神祕氣氛的描述對現代人來說，是令人驚訝和難以置信的。陰陽五行學說是中國古代文化中十分重要的內容，它顯得撲朔迷離，是科學與迷信雜糅的緣故，如本篇最後所述，觀察敵人動靜，卻又釋以五聲，即是一例。總起來說，本篇是在五行生剋理論的貫串下，把音律和用兵不無牽強地聯繫在一起的。

武王問太公曰：「律音之聲❶，可以知三軍之消息、勝負之決乎？」

太公曰：「深哉王之問也！夫律管十二❷，其要有五音：宮、商、角、徵、羽❸。此其正聲❹也，萬代不易。五行之神❺，道❻之常也，可以知敵——金、木、水、火、土，各以其勝攻之❼。

【章　旨】此章總提五音配以五行，其相生相剋之理可以指導用兵。

【注　釋】❶律音之聲　泛指五音、十二律。❷律管十二　律管，指古人用來定音的竹管或銅管。用十二個長度不同的律管，吹出十二個高度不等的標準音，以確定音的高低，這十二標準音就叫作十二律。十二律的名稱是黃鐘、大呂、太簇、夾鐘、姑洗、中呂、蕤賓、林鐘、夷則、南呂、無射、應鐘，其中奇數六律為陽律，叫六律，偶數六律為陰律，叫六呂，合稱曰律呂。❸宮商角徵羽　古代音律上五個主要的音階。這五個音階只有相對音高，沒有絕對音高，在實際的音樂中，其音高要用律來確定。所以五個音階用十二律定音，可各得十二個調式，總起來就可得到六十個調式。❹正聲　純正的樂聲。此指分別以宮、商、角、徵、羽為第一級音的五種主音不同的調式。❺五行之神　五行之間相生相剋的神奇。五行，古人稱構成世間萬物的五種元素，即金、木、水、火、土。❻道　自然規律。❼各以其勝攻之　即五行相勝：水勝火，火勝金，金勝木，木勝土，土勝水。

【語譯】武王問太公道：「從音律中，可以聽出三軍的狀況和戰鬥勝負的徵兆嗎？」

太公說：「王的問題問得深奧了。十二律管，它的主要音階是五個：宮、商、角、徵、羽。這些是十二律管中最純正的樂聲，歷萬代而不變。五行相生相剋的神妙，是自然規律的常法，可以借助它來了解敵情——金、木、水、火、土，各以其勝相攻。

「古者三皇❶之世，虛無❷之情，以制剛彊；無有文字，皆由五行。五行之道，天地自然；六甲❸之分，微妙之神。其法：以❹天清淨，無陰雲風雨，夜半，遣輕騎往至敵人之壘，去九百步外，偏持律管當耳，大呼驚之，有聲應管，其來甚微。角聲應管，當以白虎❺；徵聲應管，當以玄武；商聲應管，當以朱雀；羽聲應管，當以勾陳；五管聲盡不應者宮也，當以青龍。此五行之符❻、佐勝之徵、成敗之機。」

武王曰：「善哉！」

【章旨】此章以古法說明五聲配以五行，及其相生相剋之理在作戰中的運用。

【注釋】❶三皇　傳說中的遠古帝王，共有七種不同的說法。❷虛無　清虛無為。❸六甲　用十天干與十二地支相配計算時日，共得六十甲子，其中甲子、甲戌、甲申、甲午、甲辰、甲寅稱作六甲。❹以　在；於。❺白虎　指西方。古代陰陽五行家以白虎為西方庚辛金星神，以玄武為北方壬癸水星神，以朱雀為南方丙丁火星神，以勾陳為中央戊己土星神，以青龍為東方甲乙木星神，而五聲與五方之配合關係則是：東方配角，南方配徵，中央配宮，西方配商，北方配羽。所謂「角聲應管，當以白虎」，在五行相勝關係上即金克木。餘可類推。❻符　符應。

【語譯】「上古三皇的時候，清虛無為用來制伏剛強；那時沒有文字，用的都是五行相生相剋之理。五行生剋的道理，是天地的自然法則；六甲的分法，微妙臻於神奇。古人在戰鬥中運用五音五行的方法是：在天氣清朗，沒有陰雲風雨的日子裡，夜半時分，派遣輕騎前往敵人的營壘，在距離九百步之外，側持律管對著耳朵，然後大聲呼喊以驚動敵人，敵人方面會有回聲反應在律管中，這種傳過來的回聲是很微弱的。如果反應在律管中的是角聲，就應當從西面去打擊敵人；反應在律管中的是徵聲，就應當從北面去打擊敵人；反應在律管中的是商聲，就應當從南面去打擊敵人；反應在律管中的是羽聲，就應當從中央去打擊敵人；律管中五聲都無回音的是宮聲反應，就應當從東面去打擊敵人。這是五行相剋的符應、佐助勝敵的徵兆和勝敗存亡的關鍵。」

武王說：「好啊！」

太公曰：「微妙之音，皆有外候。」

武王曰：「何以知之？」

太公曰：「敵人驚動則聽之：聞枹❶鼓之音者，角也；見火光者，徵也；聞金鐵矛戟之音者，商也；聞人嘯呼之音者，羽也；寂寞無聞者，宮也。此五者，聲色之符也。」

【章旨】此章以五聲釋敵人受驚後的動靜。

【注釋】❶枹　字又作「桴」，鼓槌。

【語譯】太公說：「這些微妙的回音，都有外在的徵候。」

武王問：「憑什麼知道呢？」

太公說：「當敵人被驚動後，就要仔細傾聽和觀察：如果聽到鼓聲，那是角音的徵候；看見火光，那是徵音的徵候；聽到金鐵矛戟等兵器的相撞聲，那是商音的徵候；聽到人的呼嘯聲，那是羽音的徵候；寂寞無聲，那是宮音的徵候。這五種情形，都是屬於聲音與外形方面的符徵。」

兵徵第二十九

【題解】兵徵，即軍隊勝負的徵兆。本篇主要從士氣、法紀、兵陣及作戰時的天時地利等方面來論述軍隊的強弱、勝負之徵，其中又以軍心士氣為主要標準，即所謂「勝負之徵，精神先見」。這些論述都是很有見地和很有實際價值的。但文章最後一節用望氣來判斷城邑能否攻克，卻不免失於玄虛了。

武王問太公曰：「吾欲未戰先知敵人之強弱，豫見勝負之徵，為之奈何？」

太公曰：「勝負之徵，精神先見，明將察之，其〔效〕在人。謹候❶敵人出入進退，察其動靜、言語祆祥❷、士卒所告。凡三軍說懌❸，士卒畏法，敬其將命，相喜以破敵，相陳以勇猛，相賢❹以威武，此強徵也。三軍數驚，士卒不齊，相恐以敵強，相語以不利，耳目相屬❺，祆言不止，眾口相惑，不畏法令，不重其將，此弱徵也。

【章　旨】此章論軍隊的強弱之徵。

【注　釋】❶候　候望；窺察。❷祆祥　凶兆和吉兆。祆，通「妖」。❸說懌　欣喜快樂。❹賢　尊重。❺屬　連接。

【語　譯】武王問太公道：「我想要在戰前就能先知道敵人的強弱，先見到勝敗的徵兆，應當怎麼辦？」

太公說：「勝敗的徵兆，在軍隊的精神狀態上先表現出來，聰明的將領能察覺到這一點，而這種觀察的效果又因人而異。要仔細地觀察敵人的出入進退，察看他們的動靜、士卒間所談論的事情和言語中的吉凶徵兆。凡三軍歡喜，士卒畏懼法令，尊重將令，因擊潰敵人而互相賀喜，因作戰勇猛而互相傳告，因氣勢威武而互相尊重，這些都是軍隊強大的徵兆。三軍屢次受驚，士卒不齊心，因敵人的強大而相互恐嚇，因情況不利而互相傳告，口說耳聞，流言不止，眾口傳播，惑亂人心，士卒不畏懼法令，不尊重將帥，這些都是軍隊弱小的徵兆。

「三軍齊整，陳勢已固，深溝高壘，又有大風甚雨之利，三軍無故❶，旌旗前指，金鐸❷之聲揚以❸清，鼙鼓❹之聲宛以鳴，此得神明❺之助，大勝之徵也。行陳不固，旌旗亂而相繞，逆大風甚雨之利，士卒恐懼，氣絕而不屬，戎馬驚奔，兵車折軸，金鐸之聲下以濁，鼙鼓之聲濕如沐，此大敗之徵也。

【章旨】此章論軍隊的勝敗之徵。

【注釋】❶故　事故；變故。❷金鐸　鐸是一種古樂器，形如大鈴，為警眾之用。文事用木鐸，金鈴木舌；武事用金鐸，金鈴鐵舌。❸以　而。❹鼙鼓　軍中所用樂器。鼙，軍鼓。❺神明　神祇。

【語譯】「三軍隊列整齊，陣勢堅固，深溝高壘，又有大風大雨的有利條件，而且軍隊內部沒有意外變故，旌旗直指前方，金鐸發出的聲音高昂而清晰，鼙鼓敲出的聲音婉轉而響亮，這些是得到天地之神的佑助，會獲得大勝的徵兆。軍隊的行列陣勢不穩固，旌旗紛亂而互相纏繞，違逆了大風大雨的有利條件，士卒恐懼，士氣衰竭而渙散，戰馬驚奔，兵車斷軸，金鐸發出的聲音低沉而混濁，鼙鼓敲出的聲響沉悶而不振，這些都是要遭受大敗的徵兆。

「凡攻城圍邑，城之氣❶色如死灰，城可屠；城之氣出而北，城可克；城之氣出而西，城必降；城之氣出而南，城不可拔；城之氣出而東，城不可攻；城之氣出而復入，城主逃北；城之氣出而覆我軍之上，軍必病；城之氣出高而無所止，用（日）〔兵〕長久。凡攻城圍邑，過旬不雷不雨，必亟去之，城必有大輔。此所以知可攻而攻，不可攻而止。」

武王曰：「善哉！」

【章　旨】此章以望氣之術論攻城圍邑。

【注　釋】❶氣　在中國古代哲學概念中，氣是構成萬物的始基物質，萬物為一氣之變化。這種觀念的進一步發展，就是認為萬物都有氣，而氣又有陰陽、剛柔等屬性，因而也就產生了望氣一術，通過觀察氣，來預測未來，判定吉凶。

【語　譯】「凡是圍攻敵人的城邑，城中『氣』的顏色如果像死灰，這個城邑就可以屠戮；城中的『氣』如果出來向北而去，這個城邑就可以攻克；城中的『氣』如果出來向西而去，這個城邑就一定會投降；城中的『氣』如果出來向南而去，這個城邑就不可能攻拔；城中的『氣』如果出來向東而去，這個城邑就不可以攻打；城中的『氣』如果出去了又回來，城裡的主將就一定會敗逃；城中的『氣』如果出來覆蓋在我軍之上，我軍一定會遭受損傷；城中的『氣』如果出來後高升而沒有地方停留，用兵必然要長久。凡是圍攻城邑，過了十天仍沒有打雷下雨，就必須馬上撤離，因為城中一定有十分能幹的輔佐之才。這些，都是可用來決定可攻就攻，不可攻就停止的。」

武王說：「好啊！」

農器第三十

【題解】本篇論述國家無戰事時的富國強兵之道，篇中所謂「人事」，實即指的農事。文章以農器喻兵器，以農業生產組織喻戰鬥組織，以農耕水利工程喻戰鬥防禦工程，以農業生產過程喻用兵交戰要略，最後得出結論：「故用兵之具，盡在於人事也。善為國者，取於人事。」全篇體現了以農為本、寓兵於農的思想。

武王問太公曰：「天下安定，國家無事，戰攻之具可無修乎？守禦之備可無設乎？」

太公曰：「戰攻守禦之具盡在於人事❶。耒耜❷者，其行馬、蒺藜❸也；馬、牛、車、輿❹者，其營壘、蔽櫓❺也；鋤耰❻之具，其矛戟也；蓑薛、簦笠❼者，其甲冑、干楯❽也；钁鍤❾、斧鋸、杵臼❿，其攻城器也；牛馬，所以轉輸糧用也；雞犬，其伺候⓫也；婦人織紝⓬，其旌旗也；丈夫⓭平壤，其攻城也；春鏺⓮草棘，其戰車騎也；夏耨田疇⓯，其戰步兵也；秋刈禾薪⑯，其糧食儲備也；冬實倉廩⑰，其堅守也；田里⑱相伍⑲，其約束符信⑳也；里有吏，官有長，其將帥也；里有周垣㉑，不得相過，其隊分也；輸粟收芻㉒，其廩庫也；春秋治城郭㉓，修溝渠，其塹壘也。故用兵之具，盡在於人事也。善為國者，取於人事。故必使遂㉔其六畜㉕，闢其田野，安其處所，丈夫治田有畝數，婦人織紝有尺度，是富國強兵之道也。」

武王曰：「善哉！」

【注釋】❶人事　人力所能及的事。❷耒耜　上古時耕地翻土的農具，耜用來起土，耒為耜的柄。原始時用木製，後世改用鐵。❸行馬蒺藜　行馬，有二義。一是指一種用來堵塞人馬通路的配以裝有劍刃的盾牌的車輛。二即此處之義，指攔阻人馬通行的木架。其形制，一木橫中，兩木互穿形成四角，放置營寨前以為路障。古謂梐枑，俗亦稱鹿角。蒺藜，一種布於路中或水中刺人馬足的障礙物，三角或多角，有尖刺朝上，主要用鐵製，間或亦用木製，古時亦稱渠答。❹輿　車箱，泛指車。❺蔽櫓　用作護衛遮擋的大盾牌。櫓，大盾。❻耰　同「櫌」。古農具，形似木椎，用來碎土平田。❼蓑薜簦笠　蓑薜，此指蓑衣等雨衣。簦，有長柄的笠，猶如今天的傘。❽甲冑干楯　甲冑，鎧甲和頭盔。干，小盾。楯，通「盾」。❾钁鍤　钁，大鋤。鍤，鍬。❿杵臼　杵，舂米、搥衣、築土用的棒槌。臼，舂米器。⓫伺候　伺望；觀察。⓬織紝　紡織。紝，同「絍」。紡織。⓭丈

夫　古時對成年男子的通稱。⑭鏺　斬伐。⑮夏耨田疇　耨，除草。田疇，耕熟的田地，穀地為田，麻地為疇。⑯秋刈禾薪　刈，割。禾，泛指穀類。薪，柴火。⑰廩　糧倉。⑱田里　田地與住宅。⑲相伍　古代軍隊以五人為伍，戶籍亦以五人為伍。⑳符信　憑證。㉑垣　矮牆。㉒芻　餵牲口的草料。㉓城郭　內城與外城，也可以泛指城邑。㉔遂　成功。㉕六畜　牛、馬、羊、豕、雞、犬。

【語　譯】武王問太公道：「天下安定，國家沒有戰事，戰鬥攻防的器械可以不整治嗎？守禦的裝備可以不預備嗎？」

太公說：「這種時候，戰鬥攻守防禦的器械和裝備就全在人們的生產活動中了。耒耜，就好比戰時的行馬、蒺藜；牛馬和車輛，就好比戰時的營壘和大盾牌；鋤耰這類農具，就好比戰時的矛和戟；蓑衣和雨傘、斗笠，就好比是戰時的盔甲盾牌；钁鍤、斧鋸和杵臼，就好比戰時的攻城器械；牛馬，像戰時一樣用來轉運糧食和用品；雞報曉、犬警衛，就好比戰時的候望觀察；婦女紡織，就好比戰時製作旌旗；男子平整土地，就好比戰時攻城拔邑；春天割草斬棘，就好比戰時與戰車騎兵作戰；夏天耘田鋤草，就好比戰時與步兵作戰；秋天割稻伐柴，就可作戰時的糧食儲備；冬天充實糧倉，就可作戰時的堅守之用；鄉居民宅之間相聯為伍，就好比戰時隊伍編制的根據；鄉里有吏，官中有長，就好比戰時軍隊中有將帥；鄉里之間有圍牆，不可以相越，就好比戰時部隊陣列的劃分；運輸糧食，收取草料，就好比戰時充實糧倉府庫；春秋時節整治城邑，修理溝渠，就好比戰時修治溝塹壁壘。所以用兵的器械裝備，都寓於平時人們的生產活動之中。善於治理國家的人，都從這種生產活動中取得成功。所以一定要使人民能成功地飼養六畜，開墾田地，安定住所，男子種田有一定的畝數，婦女紡織有一定的尺度，這就是富國強兵的方法。」

武王說：「說得好啊！」

卷四　虎韜

軍用第三十一

【題解】本篇以義名篇，軍用，即軍隊對敵作戰時所需用的武器裝備。本篇論述了二十多種兵器和器械的種類、性能、運用以及在軍隊中的編配，大致可分為進攻類兵器、器械如衝車、天鎚，防禦類兵器、器械如拒馬、蒺藜，其他器具如飛橋、飛江等，反映了當時的軍事技術水平。

武王問太公曰：「王者舉兵，三軍器用、攻守之具，科品❶眾寡豈有法乎？」

太公曰：「大哉王之問也！夫攻守之具，各有科品，此兵之大威也。」

【章旨】此章指出戰時軍隊攻守的兵器和器械的配備，在種類和數量上都有一定的章法，這關係到用兵的威力。

【注釋】❶科品　種類。

【語譯】武王問太公道：「君王起兵，三軍的武器裝備和攻守器械，在種類和數量上難道都有規定嗎？」

太公說：「王問的真是個大問題！攻守的器具，各有其不同的種類，這關係到用兵的威力大小。」

武王曰：「願聞之！」

太公曰：「凡用兵之大數，將甲士萬人，法用：

「武衝大扶胥❶三十六乘，材士❷強弩矛戟為翼。一車二十四人推之，以八尺車輪，車上立旗鼓。兵法謂之『震駭』，陷❸堅陳，敗強敵。

「武翼大櫓❹矛戟扶胥七十二具，材士強弩矛戟為翼。以五尺車輪，絞車連弩❺自副❻，陷堅陳，敗強敵。

「提翼小櫓❼扶胥一百四十〔四〕具，絞車連弩自副，以鹿車輪❽，陷堅陳，敗強敵。

「大黃參連弩❾大扶胥三十六乘，材士強弩矛戟為翼。飛鳧❿、電影自副。飛鳧赤莖白羽，以銅為首；電影青莖赤羽，以鐵為首。晝則以絳縞⓫，長六尺，廣六寸，為光耀；夜則以白縞，長六尺，廣六寸，為流星。陷堅陳，敗步騎。

「大扶胥衝車三十六乘，螳蜋武士⓬共載，可以（縱擊）〔擊縱〕橫，可以敗敵。

「輜車騎寇⓭，一名『電車』，兵法謂之『電擊』，陷堅陳，敗步騎寇夜來前。

「矛戟扶胥輕車一百六十乘，螳螂武士三人共載，兵法謂之『霆擊』，陷堅陳，敗步騎。

【章　旨】此章敘述了進攻型戰車的種類、性能和作用。

【注　釋】❶扶胥　兵車左右的盾，亦可指裝有盾的兵車。❷材士　勇敢而有武藝的人。❸陷　攻破。❹武翼大櫓　《直解》：「車上之蔽也。」櫓，大盾。❺絞車連弩　用絞車張弓，一次連發數箭，且射程較遠的弩。❻副　佐；輔助。❼提翼小櫓　《直解》：「亦車上之蔽，但比大櫓差小耳。」❽鹿車輪　《彙解》：「即今小車獨輪也。」❾大黃參連弩　一種能連發三次的弩。❿飛鳧　與下「電影」都是箭名。⓫絳縞　深紅色的生絹。⓬螳蜋武士　《彙解》：「螳螂有奮擊之勢，故取以為名。」蜋，同「螂」。⓭輜車騎寇　一種裝備輕快、行動迅疾的車騎部隊，故又稱作「電車」、「電擊」。

【語　譯】武王說：「我想聽聽詳細內容！」

太公說：「大凡用兵時，就整數而言，如果統帥甲士萬人，依照規定當配有：

「武衝大戰車三十六輛，用勇敢而有武藝的武士使用強弩和矛戟在兩旁護衛。每輛車用二十四個人推行，車輪的高度為八尺，車上設立旗鼓。兵法上把這種車叫做『震駭』，可以用來攻破堅陣，擊敗強敵。

「武翼大盾矛戟戰車七十二部，用勇敢而有武藝的武士使用強弩和矛戟在兩旁護衛。這種車的車輪高度為五尺，並配備有絞車連弩，可以用來攻破堅陣，擊敗強敵。

「提翼小盾戰車一百四十四部，配有絞車連弩，裝的是獨輪，也可以用來攻破堅陣，擊敗強敵。

「大黃參連弩大戰車三十六輛，用有武藝而勇敢的武士使用強弩和矛戟在兩旁護衛。這種車配有飛鳧、電影兩種箭。飛鳧是紅色的桿，白色的羽，用銅做箭頭；電影是青色的桿，紅色的羽，用鐵做箭頭。白天用深紅色的絹做旗幟，長六尺，寬六寸，名為『光耀』；夜晚則用白色的絹做旗幟，長六尺，寬六寸，名為『流星』。這種戰車可以用來攻破堅陣，擊敗敵方的步兵和騎兵。

「大盾衝車三十六輛，載有螳螂武士，可以縱橫衝擊，可以擊敗敵人。

「輜車騎寇，又叫做『電車』，兵法上還稱之為『電擊』，可以用來攻破堅陣，擊敗敵人夜間來襲的步兵和騎兵。

「矛戟盾牌輕車一百六十輛，每車載螳螂武士三人，兵法上稱這種車為『霆擊』，可以用來攻破堅陣，擊敗敵人的步兵和騎兵。

「方首鐵棓維朌❶，重十二斤，柄長五尺以上，千二百枚，一名『天棓』；大柯斧，刃長八寸，重八斤，柄長五尺以上，千二百枚，一名『天鉞』；方首鐵鎚，重八斤，柄長五尺以上，千二百枚，一名『天鎚』：敗步騎羣寇。

「飛鉤，長八寸，鉤芒❷長四寸，柄長六尺以上，千二百枚，以投其眾。

「三軍拒守，木螳蜋劍刃扶胥❸，廣二丈，百二十具，一名『行馬』。平易地以步兵敗車騎。

「木蒺藜，去地二尺五寸，百二十具，敗步騎，要❹窮寇，遮走北。

「軸旋短衝矛戟扶胥❺百二十具，黃帝所以敗蚩尤氏❻。敗步騎，要窮寇，遮走北。

「狹路微徑張鐵蒺藜，芒高四寸，廣八寸，長六尺以上，千二百具，敗步騎。

「突暝⑦來前促戰，白刃接，張地羅⑧，鋪兩鏃蒺藜⑨、參連織女⑩，芒間相去二寸，萬二千具；曠野草中，方胷鋋矛⑪千二百具，張鋋矛法，高一尺五寸。敗步騎，要窮寇，遮走北。

「狹路、微徑、地陷，鐵械鎖參連⑫百二十具，敗步騎，要窮寇，遮走北。

「壘門拒守，矛戟小櫓十二具，絞車連弩自副。

「三軍拒守，天羅虎落鎖連⑬，一部廣一丈五尺，高八尺，百二十具；虎落劍刃扶胥⑭，廣一丈五尺，高八尺，五百二十具。

「渡溝塹飛橋，一間廣一丈五尺，長二丈以上，著轉關、轆轤⑮；八具，以環利通索⑯張之。

「渡大水飛江⑰，廣一丈五尺，長二丈以上，八具，以環利通索張之。天浮鐵蝗蜋，矩內圓外，徑四尺以上，環絡⑱自副，三十二具。以天浮張飛江，濟大海，謂之『天潢』⑲，一名『天舡⑳』。

「山林野居，結虎落柴營㉑。環利鐵鎖㉒，長二丈以上，千二百枚；環利大通索，大四寸，長四丈以上，六百枚；環利中通索，大二寸，長四丈以上，二百枚；環利小徽縲㉓，長二丈以上，萬二千枚。

「天雨，蓋重車㉔上板——結枲鉏鋙㉕，廣四尺，長四丈以上，車一具，以鐵杙㉖張之。

「伐木大斧，重八斤，柄長三尺以上，三百枚；棨钁㉗，刃廣六寸，柄長五尺以上，三百枚；銅築固為垂㉘，長五尺以上，三百枚；鷹爪方胷鐵杷，柄長七尺以上，三百枚；方胷鐵叉，柄長七尺以上，三百枚；方胷兩枝鐵叉，柄長七尺以上，三百枚；芟㉙草木大鐮，柄長七尺以上，三百枚；大櫓刀，重八斤，柄長六尺，三百枚；委環鐵杙㉚，長三尺以上，三百枚；（椓）〔椓〕杙大鎚㉛，重五斤，柄長二尺以上，百二十具。

「甲士萬人，強弩六千，戟楯二千，矛楯二千，修治攻具、砥礪㉜兵器巧手三百人。

「此舉兵軍用之大數也。」

武王曰：「允哉！」

【章　旨】此章敘述了各類兵器、器械的名目、性能和用法。

【注　釋】❶方首鐵棓維肦　大方頭的鐵棒。棓，通「棒」。維，句中助詞，無意義。肦，通「頒」。頭大貌。❷芒　尖端。❸木螳蜋劍刃扶胥　兩端伸展如螳螂前臂並裝有劍刃的木製障礙物。扶胥本指車左右的盾，此引申為阻擋敵人進攻的障礙物。❹要　通「邀」。攔截；遮留。❺軸旋短衝矛戟扶胥　一種配備有矛戟便於轉動的小型戰車。❻蚩尤氏　神話中東方九黎族首領，有兄弟八十一人，都是獸身人頭，銅頭鐵額，以金作兵器，並能呼風喚雨，後與黃帝戰於涿鹿（今河北涿鹿東南），失敗被殺。❼暝　晦；昏暗。❽地羅　張設在地上的網，是一種障礙器材。❾兩鏃蒺藜　兩個尖刺的蒺藜。鏃，箭頭。❿參連織女　幾個連綴在一起的蒺藜。織女，《彙解》：「亦蒺藜之類。」⓫方胷鋋矛　方胷，指矛尖後面的部位——相當於人身的胸部——為方形。鋋矛，鐵把短矛。⓬鐵械鎖參連　鐵製的鎖鏈。⓭天羅虎落鎖連　把天羅和虎落鎖連在一起的屏障。天羅，張掛起來的網。虎落，用來遮護城堡或營寨的籬笆。⓮虎落劍刃扶胥　在虎落中夾有劍刃的類似大盾樣的遮障之器。⓯轉關轆轤　轉關，連接幾節飛橋並使其易動的構件，作用類似於轉軸。轆轤，機械上的絞盤，此用於飛橋的起放。

⑯環利通索　連環鐵索。⑰飛江　一種渡江河的浮橋。⑱環絡　鐵環繩索。⑲天潢　本為星名，在銀河中。《春秋緯元命苞》：「天潢主河渠，所以度神通四方也。」⑳舡　船。㉑柴營　營寨。㉒環利鐵鎖　鐵鎖鏈。㉓徽纆　繩索。㉔重車　輜重車。㉕結枲鉏鋙　在刻有齒道的木板上覆以編麻，四周下垂，用以防雨的車篷。枲，麻的總稱。鉏鋙，齒狀物。㉖杙　一頭尖的短木，小木樁。㉗棨钁　一種大鋤。㉘銅築固為垂　《彙解》：「亦伐木之器也。」形制不詳。㉙芟　割。㉚委環鐵杙　帶有鐵環的短鐵樁。㉛椓杙大鎚　釘樁子的大鎚。椓，敲擊。㉜砥礪　磨快；磨鋒利。

【語　譯】「大方頭鐵棒，重十二斤，柄長五尺以上，共一千二百根，又叫做『天棓』；大柄斧，斧刃長八寸，重八斤，柄長五尺以上，共一千二百把，又叫做『天鉞』；方頭鐵鎚，重八斤，柄長五尺以上，共一千二百把，又叫做『天鎚』。以上三種兵器都可以用來擊敗步兵、騎兵和群敵。

「飛鉤，長八寸，鉤尖長四寸，柄長六尺以上，共一千二百把，用來向敵眾投擲。

「三軍禦敵防守時，用木螳螂劍刃扶胥這種障礙物，每具寬二丈，共一百二十具。它又有一個名字叫做『行馬』。在平坦易行的地形上，步兵使用它可打敗敵人的車騎部隊。

「木蒺藜的設置，要高出地面二尺五寸，共一百二十具，可以用來擊敗步兵、騎兵，攔截困厄中的敵人，阻止他們敗逃。

「軸轉短衝矛戟戰車一百二十部，黃帝曾用它打敗過蚩尤氏。可以用它來擊敗步兵、騎兵，攔截困厄中的敵人，阻止他們敗逃。

「在狹小的路徑小道上，可以布設鐵蒺藜，刺長四寸，寬八寸，長六尺以上，共一千二百具，以擊敗敵人的步兵、騎兵。

「敵人突然間趁著昏暗天色前來挑戰，白刃相接之時，要張設好地網，鋪好兩鏃蒺藜和參連織女之類，尖刺的間距是二寸，共一萬二千具。如在曠野草叢中作戰，可備方胸鋋矛一千二百把。布置鋋矛的方法，是要讓它高於地面一尺五寸。以上器具，都可以用來擊敗步兵、騎兵，攔截困厄中的敵人，阻止他們逃跑。

「在狹小的路徑和低凹的地形作戰，可設置鐵鎖鏈一百二十條，也可以用來擊敗步兵、騎兵，攔截困厄中的敵人，阻止他們逃跑。

「在營門前防守，用矛、戟、小盾各十二具，並配以絞車連弩。

「三軍拒守時，要設置把天羅和虎落鎖連在一起的屏障，每具寬一丈五尺，高八尺，共一百二十具。還要設置虎落劍刃扶胥，寬一丈五尺，高八尺，共五百二十具。

「渡溝塹用的飛橋，每一節寬一丈五尺，長二丈以上，裝有轉關、轆轤。飛橋共八具，用連環鐵索架設。

「渡江河用浮橋飛江，寬一丈五尺，長二丈以上，共八具，用連環鐵索架設。還有天浮鐵螳螂，內方外圓，直徑在四尺以上，配有鐵環繩索，共三十二套。用天浮鐵螳螂來連鎖飛江渡大海，叫做『天潢』，又叫做『天舡』。

「在山林地帶紮營，要結成柵欄營寨。需用長二丈以上的鐵鎖鏈一千二百條；鐵環大四寸，長四丈以上的大號連環鐵索六百條；鐵環大二寸，長四丈以上的中號連環鐵索二百條；長二丈以上的小號連環鐵索一萬二千條。

「天下雨時，要蓋好輜重車上的頂板，就是在齒板上覆有編麻的篷頂，寬四尺，長四丈以上，每車一領，用小鐵椿來固定它。

「伐木用的大斧，重八斤，柄長三尺以上，三百把；大鋤，刃寬六寸，柄長五尺以上，三百把；伐木用的銅築固為垂，長五尺以上，三百件；鷹爪方胸鐵杷，柄長七尺以上，三百把；方胸鐵叉，柄長七尺以上，三百把；方胸兩股鐵叉，柄長七尺以上，三百把；割草木用的大鐮，柄長七尺以上，三百把；大櫓刀，重八斤，柄長六尺，三百把；帶有鐵環的短鐵椿，長三尺以上，三百根；敲椿用的大鎚，重五斤，柄長二尺以上，一百二十把。

「甲士萬人，需要強弩六千、戟和盾二千副、矛和盾二千副，以及整治攻守器械、打磨兵器的能工巧匠三百人。

「以上，是起兵作戰時所需武器裝備的大略數目。」

武王說：「太恰當了！」

三陳第三十二

【題解】三陣，天、地、人三陣。本文通過論述三陣，強調了用兵要注意天象、地形，還要靈活運用不同兵種，講究文武之道。

武王問太公曰：「凡用兵為天陳、地陳、人陳，奈何？」

太公曰：「日月星辰、斗杓❶，一左一右，一向一背，此為天陳；丘陵水泉，亦有前後左右之利，此為地陳；用車用馬，用文用武❷，此為人陳。」

武王曰：「善哉！」

【注釋】❶斗杓　即北斗七星中的北斗柄，由玉衡、開陽、搖光三星組成。❷用文用武　或用文取，或用武攻。文取，如誘降、離間等。武攻，用武力攻取。

【語譯】武王問太公道：「凡是用兵打仗，布置所謂天陣、地陣及人陣，是怎麼回事？」

太公說：「根據日月星辰、斗柄的位置，並注意到它們左右向背的利弊關係來布陣，這就是天陣；丘陵水澤之地，也有前後左右的利弊關係，據此布陣就是地陣；或用戰車，或用騎兵，或用文攻，或用武取，據此布陣就是人陣。」

武王說：「好哇！」

疾戰第三十三

【題解】疾戰，勇猛迅疾地作戰。本篇通過論述軍隊被敵人圍困時如何擺脫困境，以及突圍之後如何乘勢擊敗敵軍，強調了「疾戰」在用兵中的重要作用。

武王問太公曰：「敵人圍我，斷我前後，絕我糧道，為之奈何？」

太公曰：「此天下之困兵也，暴❶用之則勝，徐用之則敗。如此者，為四武衝陳❷，以武車驍❸騎驚亂其軍而疾擊之，可以橫行❹。」

【章旨】此章論以疾戰擊破敵軍包圍。

【注釋】❶暴　急疾；突然。❷四武衝陳　在四面用武士結成四陣，可併力衝擊敵軍的陣法。❸驍　勇猛。❹橫行　縱橫馳騁。

【語譯】武王問太公道：「敵人包圍了我軍，截斷了前後通路，還斷絕了我軍的糧道，對此該怎麼辦？」

太公說：「這是天下處於困境的軍隊，如果使它的力量突然間集中爆發，就能取勝，讓它的力量慢慢地消耗，就要失敗。像這樣的情況，可以組成四武衝陣，用勇猛的戰車和驍勇的騎兵衝亂、震駭敵軍而迅速出擊，就可以縱橫馳騁而所向無阻。」

武王曰：「若已出圍地，欲因以為勝，為之奈何？」

太公曰：「左軍疾左，右軍疾右，無與敵人爭道，中軍迭❶前迭後，敵人雖眾，其將可走。」

【章旨】此章論突圍之後，以疾戰乘勢敗敵。

【注釋】❶迭　輪流；更替。

【語譯】武王又問：「如果已經突出包圍，我軍還想乘勢取勝，應當怎麼辦？」

太公說：「讓左軍疾速向左攻擊，右軍疾速向右攻擊，不要和敵人去爭奪道路，而中軍則輪流向前和向後攻擊，敵人即使人數眾多，也可以打得它的將領敗逃。」

必出第三十四

【題解】《直解》：「必出者，言陷在圍地而務於必出也。」本篇分兩種情形敘述了軍隊突破包圍、化險為夷的方法。文章指出，突圍時，必須周密安排，合理用兵，選擇敵人的薄弱環節予以迅速有力的打擊，要善於利用環境如夜色等等，突圍之後，要巧妙安排，防備敵人的追趕；但是，最重要的是要使士兵能義無反顧勇猛向敵，文中提出燒去自己的輜重、糧食，也就是破釜沉舟、置之死地而後生的用兵策略。「必出之道，器械為寶，勇鬥為首」，對於身臨困境的軍隊來說，這話無疑是道出了生還的關鍵。

武王問太公曰：「引兵深入諸侯之地，敵人四合而圍我，斷我歸道，絕我糧食，敵人既眾，糧食甚多，險阻又固，我欲必出，為之奈何？」

太公曰：「必出之道，器械為寶，勇鬥為首。審知敵人空虛之地、無人之處，可以必出。將士人持玄❶旗，操器械，設銜枚❷，夜出。勇力、飛足、冒將之士❸居前，平壘❹為軍開道；材士強弩為伏兵居後，弱卒車騎居中。陳畢徐行，慎無驚駭。以武衝扶胥前後拒守，武翼大櫓以備左右。敵人若驚，勇力、冒將之士疾擊而前，弱卒車騎以屬其後，材士強弩隱伏而處。審候敵人追我，伏兵疾擊其後，多其火鼓，若從地出，若從天下，三軍勇鬥，莫我能禦。」

【章旨】此章論述了如何在夜色掩護下，合理用兵，突破包圍，阻止敵人追擊。

【注釋】❶玄　泛指黑色。❷銜枚　枚的形狀如筷子，有帶繫在頸上，為保肅靜，橫銜口中，以禁喧囂。❸冒將之士　不怕危險，敢於冒死的武士。❹平壘　意謂掃除阻障。

【語譯】武王問太公道：「率領軍隊深入諸侯之地，敵人從四面合圍我軍，切斷了我軍的歸路，斷絕了我軍的糧道，而敵軍人數眾多，糧食充裕，險要之地又有堅固的守備，我軍想要保證突圍成功，應當怎麼辦？」

太公說：「要保證突圍成功，武器裝備十分重要，而以勇猛戰鬥為首要條件。仔細察明敵人的兵力空虛之地和無人防守之處，就可以保證突出。突圍時，將士人人手持黑旗，操著兵器、器械，口中銜枚，乘夜行動。讓勇武有力、行動輕捷以及不怕犧牲的人打前陣，掃除障礙，為全軍開闢道路；另派有武藝而勇敢的士兵持強弩作為伏兵殿後，而讓老弱士卒和車騎居中。部署完畢後就沉著地開始行動，動作要謹慎，不要無端造成驚駭。可用武衝大戰車在前後護衛，而用武翼大盾牌在左右掩護。敵人如果被驚動了，就派勇武有力和不怕犧牲的士卒迅速出擊挺進，老弱病殘和車騎緊跟其後，使用強弩的勇武之士則隱蔽埋伏起來。在發現敵人追來之後，伏兵就突然出動打擊敵軍的尾部，並多多地設置火光和戰鼓，讓敵人覺得我軍像是突然從地下冒出來，又像是突然從天而降，而我軍全體奮勇作戰，敵人也就無法抵擋了。」

武王曰：「前有大水、廣塹、深坑，我欲踰渡，無舟楫之備，敵人屯壘，限我軍前，塞我歸道，斥候常戒，險塞盡中，車騎要我前，勇士擊我後，為之奈何？」

太公曰：「大水、廣塹、深坑，敵人所不守，或能守之，其卒必寡。若此者，以飛江、轉關❶與天潢以濟吾軍。勇力材士從我所指，衝敵絕陳❷，皆致其死。先燔吾輜重❸，燒吾糧食，明告吏士：勇鬥則生，不勇則死。已出者，令我踵軍❹設雲火❺遠候，必依草木、丘墓、險阻，敵人車騎必不敢遠追長驅。因以火為記，先出者令至火而止，為四武衝陳。如此，則吾三軍皆精銳勇鬥，莫我能止。」

武王曰：「善哉！」

【章　旨】此章論述了如何激發士卒的勇敢戰鬥精神，突破天然險阻和敵人的包圍，並防止敵人追擊。

【注　釋】❶轉關　即轉關、轆轤，參〈軍用第三十一〉第三章注⑮。❷絕陣　相當於「陷陣」。❸輜重　軍隊戰鬥時攜載的軍用物資。❹踵軍　此指緊跟在勇力材士後的隊伍。踵，接；追隨。❺雲火　煙火。

【語　譯】武王又問道：「如果前面有大河、寬溝、深坑，我想渡越過去，但沒有船和槳之類的裝備，而敵人屯兵築壘，阻擋我軍前進，又堵塞了我軍歸路，哨兵時刻保持著警惕，險地要塞全都作了布防，還不時派出車騎在前攔擊，勇士在後襲擊，處於這種情況下，應當怎麼辦？」

太公說：「大河、寬溝、深坑這些地方，敵人一般是不設防守的；也許有所設防，但兵力一定很少。因此碰到像這樣的情況，就可以用浮橋飛江、轉關、轆轤以及連鎖在一起的浮橋天潢把我軍渡過去。把勇敢而本領高強的武士組成突擊隊聽從我的指揮，向敵人衝鋒陷陣，殊死戰鬥。要先燒掉我軍的輜重和糧食，明確地告訴官兵：勇敢戰鬥就有生路，貪生懼戰則死路一條。突擊隊帶頭衝出包圍後，就命令緊跟在後面的隊伍設置煙火，遠遠地派出偵察，而隊伍一定要傍依草木、墳丘和險阻之地，敵人的車騎兵就必然不敢長驅追趕了。於是就以火為記號，先衝出來的人讓他們集中到有火的地方，組成四武衝陣。這樣，我三軍就能人人精銳而奮勇戰鬥，沒有敵人能夠阻擋。」

武王說：「好哇！」

軍略第三十五

【題解】本篇指出作戰不能沒有器械裝備，列舉了軍隊採取各種軍事行動時所需要的器材、器具，如攻城需用轒轀、臨衝，渡河需要天潢、飛江等等，從而強調了平時戰備和訓練的重要性。

武王問太公曰：「引兵深入諸侯之地，遇深溪、大谷、險阻之水，吾三軍未得畢濟，而天暴雨，流水大至，後不得屬於前，無有舟梁❶之備，又無水草之資，吾欲畢濟，使三軍不稽留，為之奈何？」

太公曰：「凡帥❷師將眾，慮不先設，器械不備，教不素信，士卒不習，若此，不可以為王者之兵也。

「凡三軍有大事，莫不習用器械。若攻城圍邑，則有轒轀❸、臨衝❹；視城中，則有雲梯❺、飛樓❻；三軍行止，則有武衝、大櫓前後拒守；絕道遮街，則有材士、強弩（衝）〔衛〕其兩旁；設營壘，則有天羅、武落❼、行馬、蒺藜；晝則登雲梯遠望，立五色旌旗，夜則設雲火萬炬，擊雷鼓❽，振鼙鐸，吹鳴笳❾；越溝塹，則有飛橋、轉關、轆轤、鉏鋙❿；濟大水則有天潢、飛江；逆波上流，則有浮海⓫、絕江。三軍用備，主將何憂？」

【注　釋】❶舟梁　連船為橋。❷帥　同「率」。❸轒轀　古代的攻城車。車下有四輪，車上設一屋頂形木架，蒙以生牛皮，並塗上泥漿，以防禦敵人的矢石和火燒。車內可容數人，攻城時將車推至城下，人員在其掩蔽下進行挖城牆、填溝塹等作業。一名「木驢」。❹臨衝　臨車和衝車。都是古代的戰車，臨車的特點是從上臨下攻擊敵人，衝車的特點是從旁衝撞敵人的圍牆，將兩者的特點相結合，就發展成了後世所謂的「臨衝呂公車」。❺雲梯　古代的攻城器具。用大木做車架，下有車輪，車架上固定有兩節用轉軸連接起來的梯子；又有一木棚，四面以生牛皮為屏障，人員躲在裡面推車至城腳，就可以豎起梯子以窺視城中或爬上城牆。❻飛樓　古代的攻城戰具，大致屬於巢車一類。❼武落　即虎落。武，通「虎」。❽雷鼓　古樂器，祀天神時用之。此指軍中的大鼓。❾笳　古代的一種管樂器。❿鉏鋙　櫛齒狀物。此當指與飛橋配套的齒狀裝置，形制不詳，而其作用則或近於今日之齒輪或齒條。⓫浮海　與下「絕江」都是古代的渡河器材，作用類似於浮囊、木筏。

【語　譯】武王問太公道：「帶兵深入到諸侯之地，碰到深溪、大谷和險要的河流，我三軍還未能全部渡過去，然而天下暴雨，洪水湧到，後面的部隊被水隔斷，既無架設浮橋的裝備，又無水草一類的資源，這時我想把部隊全部渡過去，使三軍不在此地滯留，應當怎麼辦？」

太公說：「凡是統帥軍隊，如果計劃不預先制定，器械不預先準備，教督平時不落實，士卒平時不操練，這樣，是不可以作為君王的軍隊的。

「大凡軍隊有戰事時，沒有不經常要使用各種器械的。如圍攻城邑，要用轒轀車、臨車和衝車；觀察城內敵人的情況，要用雲梯、飛樓；三軍在行進中停留，要用武衝戰車和大盾前後拒守；阻斷道路，要用勇敢而武藝高強的人和強弩護衛兩旁；安營設壘，要用天羅、虎落、行馬和蒺藜；白天要登上雲梯遠望，立五色旌旗，夜晚要設置萬枝煙火，擊大鼓，敲鼙鼓，搖鐸，吹笳；渡越溝塹，要用飛橋、轉關、轆轤、鉏鋙；渡大河，要用天潢、飛江；逆流上行，要用浮海、絕江。如果三軍需用的器材裝備都備齊了，作為主將，還有什麼好擔憂的呢？」

臨境第三十六

【題解】兩軍臨境相拒對峙，勢均力敵，如何擊敗敵人？本篇分兩層論述了這一問題。第一層提出在上述情況下，可兵分三處，前軍、後軍增強守備，多積糧食，讓敵人摸不清我軍意圖，然後用精銳部隊打它個出奇不意。第二層論述的則更加巧妙：在我軍的計謀已被敵人了解之後，可不斷地派出小股部隊騷擾敵人，同時巧布疑陣，虛張聲勢，使敵人寢食不安，驚慌失措，這時三軍迅速出擊，敵人就必敗無疑。總起來說，本篇所論的是奇兵取勝之法。

武王問太公曰：「吾與敵人臨境相拒，彼可以來，我可以往，陳皆堅固，莫敢先舉。我欲往而襲之，彼亦可來，為之奈何？」

太公曰：「分兵三處，令（軍）〔我〕前軍，深溝增壘而無出，列旌旗，擊鼙鼓，完為守備。令我後軍，多積糧食，無使敵人知我意。發我銳士潛襲其中，擊其不意，攻其無備，敵人不知我情，則止不來矣。」

【章旨】此章論與敵人臨境相拒時，如何兵分三處破敵。

【語譯】武王問太公道：「我軍和敵人在邊境上互相對峙，他可以來攻我，我也可以去攻他，雙方的陣勢都很堅固，沒有一方敢先採取行動。我想前去襲擊敵人，但又擔心敵人也可以來襲擊我，對此我該怎麼辦呢？」

太公說：「可以把軍隊分成三部分，命令我們的前軍挖深壕溝，增高壁壘，不要出戰，要旌旗林立，鼓聲不絕，充分地加強守備。命令我們的後軍多多地儲備糧食，不讓敵人知道我軍的企圖。時機一到，就派遣精銳部隊偷襲敵軍的指揮中心，出其不意，攻其不備，敵人不知道我軍的情況，就只能停著而不敢前來進攻了。」

武王曰：「敵人知我之情，通我之謀，動而❶得我事，其銳士伏於深草、要隘路，擊我便處，為之奈何？」

太公曰：「令我前軍日出挑戰，以勞其意；令我老弱拽柴揚塵，鼓呼而往來，或出其左，或出其右，去敵無過百步，其將必勞，其卒必駭。如此則敵人不敢來。吾往者不止，或襲其內，或擊其外，三軍疾戰，敵人必敗。」

【章旨】此章論兩軍臨境相拒而敵人又了解我軍的情況和意圖時的破敵之法。

【注釋】❶而 則；就。

【語譯】武王又問道：「假如敵人知道了我軍的情況，又了解了我軍的意圖，我一有舉動他就知道我們要幹什麼，因而他們的精銳部隊或者埋伏在深草之中，或攔阻在我們要經過的狹窄道路上，或者在於他有利的地方攻擊我，對此又應當怎麼辦呢？」

太公說：「可命令我們的前軍每天出去挑戰，以疲乏敵人的意志；命令我們的老弱士兵拖動樹枝揚起塵土，敲鼓吶喊，來來往往，有時出現在敵人的左面，有時出現在敵人的右面，距離敵人不超過百步，敵軍的將領一定會心神疲憊，敵軍的士兵一定會驚慌恐懼。這樣敵人就不敢前來。我軍派出去騷擾的人一刻也不停止，或襲擊敵人的內部，或打擊敵人的外部，最後三軍迅速發動攻擊，敵人就必敗無疑。」

動靜第三十七

【題　解】本篇論述的也是兩軍對陣相拒而又勢均力敵時的破敵之法，運用的是奇兵設伏取勝的戰術。所謂「靜」，就是兩陣對峙，這時眾寡強弱相當，雙方都不敢輕舉妄動，處於膠著狀態。所謂「動」，就是雙方交戰，這時善用計謀，迂迴設伏，誘敵深入而合圍之的一方就能獲勝。

武王問太公曰：「引兵深入諸侯之地，與敵之軍相當❶，兩陣相望，眾寡強弱相等，未敢先舉，吾欲令敵人將帥恐懼，士卒心傷，行陣不固，後陣欲走，前陣數顧❷，鼓譟❸而乘之，敵人遂走，為之奈何？」

太公曰：「如此者，發我兵去寇十里而伏其兩旁，車騎百里而越其前後，多其旌旗，益其金鼓，戰合❹，鼓譟而俱起，敵將必恐，其軍驚駭，眾寡不相救，貴賤不相待❺，敵人必敗。」

【章　旨】此章論述了兩軍相峙時用伏兵和迂迴的戰術擊敗敵軍之法。

【注 釋】❶當　遇到。❷顧　回頭看，表明鬥志動搖。❸鼓譟　擊鼓呼叫。❹戰合　兩軍交戰。❺待　等待，此為照顧義。

【語 譯】武王問太公道：「率軍深入諸侯之地，與敵人的軍隊相遇，兩軍對壘，兵力的眾寡強弱相當，都不敢首先採取行動，而我想要使敵人將帥恐懼，士卒悲觀，陣勢不穩，後陣的人想逃走，前陣的人常回頭，我軍就可擊鼓吶喊乘勢攻擊，從而使敵人敗逃，我應該怎麼辦？」

太公說：「如果這樣的話，可以派我們的部隊到距離敵寇十里的地方埋伏在兩旁，派車騎兵到百里之外在敵人前後遊動，多置旗幟，增加金鼓，與敵交鋒後，擂鼓吶喊，一同發起進攻，這樣敵軍將領一定會恐懼，他的軍隊一定會驚慌駭怕，大小隊伍互不相救，官兵之間也互不照顧，敵人就必敗無疑了。」

武王曰：「敵之地勢不可以伏其兩旁，車騎又無以越其前後，敵知我慮，先施其備，我士卒心傷，將帥恐懼，戰則不勝，為之奈何？」

太公曰：「微哉王之問也！如此者，先戰五日，發我遠候往視其動靜。審候其來，設伏而待之；必於死地❶，與敵相（避）〔遇〕。遠我旌旗，疏我行陳，必奔其前，與敵相當，戰合而走，擊金無止。三里而還，伏兵乃起，或陷其兩旁，或擊其前後，三軍疾戰，敵人必走。」

武王曰：「善哉！」

【章　旨】此章論述了無法向敵方派出伏兵和進行迂迴，而敵人又知道了我方意圖的情況下，用佯敗設伏破敵的戰術方法。

【注　釋】❶死地　無退路，即「置之死地而後生」之「死地」。

【語　譯】武王又問道：「假如敵方的地勢不利於我軍在其兩旁設伏，我方的車騎又無法到敵人的前後遊動，而敵人卻已知道了我方的意圖，預先作了準備，因此我軍士卒情緒悲觀，將帥恐懼，即使與敵交戰也無法取勝，對此又該怎麼辦？」

太公說：「王的問題十分奧妙！如果情況這樣，可以在戰前的五天，遠遠地派出偵察去探視敵人的動靜。部隊則小心地等待敵人前來，設好埋伏準備著；一定要挑選沒有退路的地方設伏，來和敵人交戰。把我軍的旗幟拉得遠遠的，隊伍的行列也讓它疏散不整，但是卻一定要往前衝向敵人，與之相遇交戰，然後立刻佯裝敗逃，聽到擊鉦聲也不停下來。逃了三里路後返身還擊，伏兵也乘機而起，有的攻擊敵軍的兩側，有的衝擊敵軍的前後，三軍將士迅猛作戰，敵人就一定敗逃。」

武王說：「說得好啊！」

金鼓第三十八

【題解】《直解》：「金鼓者，鼓以進之，金以止之也。此以金鼓名篇，而篇內卻不言金鼓者，未審何義。」本篇指出：在與敵人相遇對壘時，必須加強警戒，切忌懈怠，這樣不僅能有效地防止敵人偷襲，還能乘勢反攻追擊，而在敵人對我的追擊已有準備，設好了伏兵佯敗誘我時，可以將計就計，分兵三隊全面進擊，一舉擊敗敵人。

武王問太公曰：「引兵深入諸侯之地，與敵相當，而天大寒甚暑，日夜霖雨❶，旬日不止，溝壘悉壞，隘塞不守，斥候懈怠，士卒不戒，敵人夜來，三軍無備，上下惑亂，為之奈何？」

太公曰：「凡三軍，以戒為固，以怠為敗。令我壘上，誰何❷不絕，人執旌旗，外內相望，以號相命，勿令乏音，而皆外向❸。三千人為一屯❹，誡而約之，各慎其處。敵人若來，（親）〔視〕我軍之警戒，至而必還，力盡氣怠，發我銳士，隨而擊之。」

【章旨】此章論述了與敵人對壘時如何加強警戒和防守反擊。

【注釋】❶霖雨　連綿大雨。❷誰何　指口令問答。❸勿令乏音二句　《彙解》：「金鼓之聲，勿令斷乏，皆外向示欲戰也。」❹屯　勒兵駐守。此指一個駐守單位。

【語譯】武王問太公道：「率軍深入諸侯之地，與敵人相遇，而時值天氣大寒或酷暑，或日夜連綿大雨，十天半月不止，溝壘全都坍毀，隘塞無法防守，哨探麻痺懈怠，士卒疏於戒備，這時敵人乘夜來襲，我軍毫無防備，全軍上下心神無主亂成一團，對此應怎麼辦？」

太公說：「凡是軍隊，戒備方能固守，懈怠將招致失敗。要使我軍的營壘上，口令問答聲不絕，人人手拿旗幟，內外互相照應，傳達號令，還不能讓金鼓之聲停止，以對外表示已有戒備。可以三千人為一個防區，諄諄告誡，嚴加約束，讓他們各自都能小心守備。這樣，敵人如果前來襲擊，看到我軍的戒備森嚴，即使來了也一定會退去，而在他們精疲力盡、士氣怠惰的時候，就派出我們的精銳部隊緊緊尾隨追擊。」

武王曰：「敵人知我隨之，而伏其銳士，佯北不止，過伏而還，或擊我前，或擊我後，或薄❶我壘，吾三軍大恐，擾亂失次，離其處所，為之奈何？」

太公曰：「分為三隊，隨而追之，勿越其伏。三隊俱至，或擊其前後，或陷其兩旁，明號審令，疾擊而前，敵人必敗。」

【章旨】此章論述了反攻追擊時如何對付敵人的伏兵之計。

【注釋】❶薄　逼近。

【語譯】武王又問道：「如果敵人知道我會隨後追擊他們，因而埋伏了精銳的部隊，然後假裝敗退不止，而一旦退過了埋伏地點，就配合伏兵返身還擊，有的打擊我的前隊，有的攻擊我的後隊，有的乾脆直逼我的營壘，致使我三軍大為恐慌，自相擾亂，排不起陣列，找不到防守位置，對此又應當怎麼辦呢？」

太公說：「可將部隊分為三隊尾隨追擊，但不要越過敵人的埋伏地點。等到三支隊伍都到齊了，就有的攻擊敵人的前後，有的攻擊敵人的兩側，嚴明號令，疾速攻擊推進，敵人一定會被擊敗。」

絕道第三十九

【題解】本篇論述了在敵國境內作戰時防止被敵人斷絕糧道、迂迴包抄的原則方法，提出：「凡深入敵人之地，必察地之形勢，務求便利」；要善於利用山林險阻等有利的地理條件，而當地形不利時，則可以戰車為掩蔽向前推進；軍隊的前後要保持聯絡，以便情況緊急時互相救助。考察地理、謹慎小心以自強，是本篇的主旨。

武王問太公曰：「引兵深入諸侯之地，與敵相守，敵人絕我糧道，又越我前後，吾欲戰則不可勝，欲守則不可久，為之奈何？」

太公曰：「凡深入敵人之地，必察地之形勢，務求便利。依山林險阻、水泉林木而為之固，謹守關梁❶，又知城邑、丘墓地形之利。如是，則我軍堅固，敵人不能絕我糧道，又不能越我前後。」

【章旨】此章指出在敵國境內作戰，必須考察地理，利用有利地形。

【注釋】❶關梁　指水陸要會之處。關，關門。梁，津梁。

【語譯】武王問太公道：「率軍深入諸侯之地，與敵人相對峙，敵人斷絕了我的糧道，又派兵在我前後迂迴，我想與敵交戰卻無法獲勝，想要固守卻又無法持久，對此該怎麼辦？」

太公說：「大凡深入到敵國境內，就一定要考察地理形勢，務求占領便利的地形。要依託山林險阻、水泉林木來實行固守，要小心地守衛關門、橋梁這些水陸要會之處，還要了解城邑、墳丘等地形的利害關係。這樣，我軍就能防守堅固，而敵人既不能斷絕我的糧道，又無法在我前後迂迴了。」

武王曰：「吾三軍過大陵❶、廣澤、平易之地，吾盟誤失，卒與敵人相薄，以戰則不勝，以守則不固，敵人翼❷我兩旁，越我前後，三軍大恐，為之奈何？」

太公曰：「凡帥師之法，當先發遠候，去敵二百里，審知敵人所在。地勢不利，則以武（衛）〔衝〕為壘而前，又置兩踵軍❸於後，遠者百里，近者五十里，即❹有警急，前後相救。吾三軍常完堅，必無毀傷。」

武王曰：「善哉！」

【章　旨】此章論地勢不利時的行進自衛之法。

【注　釋】❶陵　土山。❷翼　戰陣的兩側或左右兩軍。此指對兩側實行包抄。❸踵軍　此指殿後之軍。❹即　如果。

【語　譯】武王又問道：「我三軍通過大土山、廣闊的草澤區和平坦易行的地段時，和盟軍誤失聯繫，結果突然與敵人相遇，戰則無法取勝，守則不夠堅固，而敵人卻包抄我的兩側，在我的前後迂迴，致使我三軍大為恐慌，對此該怎麼辦？」

太公說：「大凡率領軍隊的方法，應當事先遠遠地派出偵察，在距離敵人二百里時，就要詳細了解敵人的所在位置。如果地形對我不利，就用武衝戰車為堡壘向前推進，又在隊伍的後面安排兩支後衛部隊，遠的一支離開大部隊一百里，近的一支離開五十里，如果碰到緊急的情況，前後可互相救助。我三軍若能經常保持這種完善而堅固的部署，就一定不會崩潰傷亡。」

武王說：「說得好哇！」

略地第四十

【題解】本篇論述了攻城的戰術。首先指出一般的攻城方法是切斷敵人的內外聯繫，迫使城中之敵在糧盡無援的處境下恐懼而降。其次指出當城中之敵與城外敵人約好，企圖用精銳敢死部隊拼死突圍時，可採用「圍師必闕」的戰術，故意留出一條通路引誘敵人，在敵人沿此路突出逃竄時，就用車騎部隊予以截擊，務求全殲，而對殘留城中的老弱之敵，則無需再戰，只要長期圍困之即可。文章最後指出在攻克城邑後不得燒殺搶掠，體現了古人仁德武功並施以治天下的思想。

武王問太公曰：「戰勝深入略其地，有大城不可下，其別軍❶守險與我相拒，我欲攻城圍邑，恐其別軍卒至而擊我，中外相合擊我表裡，三軍大亂，上下恐駭，為之奈何？」

太公曰：「凡攻城圍邑，車騎必遠，屯衛警戒，阻其外內。中人❷絕糧，外不得輸，城人❸恐怖，其將必降。」

【章旨】此章論述攻城的一般原則。

【注釋】❶別軍　另外一支軍隊。❷中人　指城中的敵人。❸城人　指城內的軍民。

【語譯】武王問太公道：「戰鬥勝利後深入敵國去攻占它的領土，碰到有大的城邑沒能攻下，而敵人的另一支軍隊固守著險要之地與我相對抗，我想圍攻城邑，又擔心敵人的另一支部隊突然來攻我，或者城內城外的敵人裡應外合夾擊我，致使我三軍大亂，官兵上下驚駭恐懼，對此，應該怎麼辦呢？」

太公說：「大凡攻城圍邑，車騎部隊一定要離城遠遠地駐紮警戒，以阻斷敵人的內外聯絡。如果城中的敵人斷了糧，而城外又無法輸入，城內的軍民就會覺得十分恐怖，敵軍的將領也就一定會投降了。」

武王曰：「中人絕糧，外不得輸，陰為約誓，相與密謀，夜出窮寇死戰，其車騎銳士或衝我內，或擊我外，士卒迷惑，三軍敗亂，為之奈何？」

太公曰：「如此者，當分軍為三軍，謹視地形而處。審知敵人別軍所在，及其大城別堡❶，為之置遺缺之道，以利其心，謹備勿失。敵人恐懼，不入山林，即歸大邑，走其別軍。車騎遠要其前，勿令遺脫。中人以為先出者得其徑道❷，其練卒❸材士必出，其老弱獨在。車騎深入長驅，敵人之軍必莫敢至。慎勿與戰，絕其糧道，圍而守之，必久其日。

【章　旨】此章論述敵人內外相約企圖突圍而出時的誘敵圍殲之法。

【注　釋】❶堡　土築的小城。❷徑道　本為直捷的小道，此指突圍的通道。❸練卒　武藝嫻熟的士兵。

【語　譯】武王又問道：「雖然城中的敵人已斷了糧，城外的糧食也無法輸入，但是敵人卻內外暗中定好誓約，共同密謀，乘夜出動正當窮途末路的軍隊與我死戰，他們的車騎兵和精銳士卒或衝入我營內，或攻擊我營外，致使我士卒惶惑，三軍敗亂，對此該怎麼辦？」

太公說：「如果情況這樣，應當把我軍分成三支部隊，仔細地觀察地形，然後各自駐守。詳細地查明敵人城外部隊的所在位置及其附近大小城堡的情況，然後為城內的敵人留出一條看似防守疏漏的通道，以誘其外逃，同時作好嚴密準備以免失誤。逃出來的敵人一定很恐懼，不是想逃進山林，就是想歸附其他大城，逃向城外的其他部隊。我軍可以用車騎部隊在遠處予以迎頭截擊，不讓他們逃脫。而城中的敵人以為先衝出的已順利地從此路突圍，於是勇敢而武藝嫻熟高強的士卒就一定會全部衝出來，城中只留下些老弱病殘。這時我車騎部隊就深入長驅包圍城邑，敵人的其他軍隊一定不敢來救。我軍謹慎小心，不與敵人交戰，而只是斷絕其糧道，把他們圍困起來，而且一定要長期地圍困。

「無燔人積聚，無壞人宮室，冢❶樹社叢勿伐，降者勿殺，得而勿戮，示之以仁義，施之以厚德，令其士民曰：『罪在一人。』如此，則天下和服。」

武王曰：「善哉！」

【章　旨】此章言拔城之後當施行仁德。

【注　釋】❶冢　墳墓。

【語　譯】「攻克城邑之後，不要焚燒人們的糧食財物，不要毀壞人們的宮室房舍，墳地和社廟的樹木不要去砍伐，投降的人不要殺，俘獲的人也不要殺，要對敵國的民眾表示仁義，還要對他們施以厚德，同時向敵國的士民宣告：『有罪的只是無道君主一個人。』這樣，天下就能和順服從了。」

武王說：「說得好啊！」

火戰第四十一

【題解】本篇論述的火戰，與《孫子》所說的火攻不同！《孫子》指的是「以火佐攻」，是進攻性的戰術，而這兒指的卻是防禦性的戰術，即《直解》所謂「彼以火攻我，吾因火而與之戰也」。故本篇主旨是以火禦火。具體而言，當敵人在草木茂盛地帶憑藉風力施行火攻時，我亦在部隊駐地的前後放火，一可以阻止敵人進攻，二可以燒出一塊「黑地」，以便布陣。此法，再加上四武衛陣和強弩護衛，就足以自守。

武王問太公曰：「引兵深入諸侯之地，遇深草蓊穢❶周吾軍前後左右，三軍行數百里，人馬疲倦休止。敵人因天燥疾風之利燔吾上風，車騎銳士堅伏吾後，吾三軍恐怖，散亂而走，為之奈何？」

太公曰：「若此者，則以雲梯、飛樓遠望左右，謹察前後，見火起，即燔吾前而廣延之，又燔吾後❷。敵人若至，即引軍而卻，按❸黑地❹而堅處。敵人之來，猶❺在吾後，見火起，必還走。吾按黑地而處，強弩材士衛吾左右，又燔吾前後，若此，則敵不能害我。」

【章　旨】此章敘述如何以火戰對付敵人的火攻。

【注　釋】❶蓊穢　雜草茂盛。❷即燔吾前二句　意思是說，荒草茂盛之地只有不得已時才會駐紮。駐紮前要先在營外斬除二三丈寬的草地，敵人放火燒我時，我也在斬過草的地帶外放火，兩火相遇自動熄滅。如不先把營外的草斬除乾淨，到時自己放的火，恐怕反而會乘著風勢，燒到自己的營內來了。❸按　止。❹黑地　指縱火焚燒荒草後的地帶。❺猶　假如。

【語　譯】武王問太公道：「率軍深入諸侯之地，到了荒草茂密、環繞著我軍前後左右的地區，我三軍已行軍數百里，人困馬乏，休息宿營。然而敵人乘著天燥風急的有利條件，在我上風縱火，其車騎和精銳部隊又牢固地埋伏在我軍後面，因而我三軍恐懼，散亂而逃，對此該怎麼辦？」

太公說：「如碰到這種情形，就要用雲梯、飛樓遠遠地眺望左右，仔細地觀察前後情況，一旦發現敵人縱火了，立刻也在我軍的前面放火並讓其橫向蔓延開來，又在我軍的後面也放火。敵人如果來進攻，就率軍後撤，在焚燒過的地帶上按兵堅守。敵人來攻，倘若是在我軍後面，看見大火燒起來，一定會回身退走。我軍在焚燒過的地帶中按兵固守，用強弩和勇武之士衛護左右，然後再依前法前後放火，這樣，敵人就不能加害於我軍了。」

武王曰：「敵人燔吾左右，又燔吾前後，煙覆吾軍，其大兵按黑地而起，為之奈何？」

太公曰：「若此者，為四武衝陳，強弩翼吾左右。其法無勝亦無負。」

【章　旨】此章言敵人在四面縱火，又據有黑地時的自守方法。

【語　譯】武王又問道：「如果敵人在我左右縱火，又在我前後縱火，濃煙覆蓋了我軍，而敵人的大軍又從焚燒過的地帶上向我進攻，對此該怎麼辦？」

太公說：「如遇這種情形，可以布成四武衝陣，用強弩衛護左右。這樣的方法不會取勝，但也不會失敗。」

壘虛第四十二

【題解】本篇論述了察知敵人營壘虛實和來去情況的方法，《直解》：「壘虛者，敵人以虛壘疑我，我欲覘而知之也。」覘，偵視也。本篇所述聽聲、望鳥，以及觀其行次等法，在古代戰爭中都是很有實用價值的偵察判斷方法。

武王問太公曰：「何以知敵壘之虛實、自來自去❶？」

太公曰：「將必上知天道，下知地理，中知人事。登高下望，以觀敵之變動。望其壘，即知其虛實；望其士卒，則知其去來。」

武王曰：「何以知之？」

太公曰：「聽其鼓無音、鐸無聲，望其壘上多飛鳥而不驚，上無氛氣❷，必知敵詐而為偶人❸也。敵人卒去不遠，未定而復返者，彼用其士卒太疾也；太疾則前後不相次，不相次則行陣必亂。如此者，急出兵擊之，以少擊眾，則必勝矣。」

【注釋】❶自來自去　何來何去。自，從。❷氛氣　《直解》：「氛埃之氣。」❸偶人　土木等製成的人像，即假人。

【語譯】武王問太公道：「怎樣才能了解敵人營壘的虛實和他們的來去行蹤？」

太公說：「做將帥的必須上知天象變化的規律，下知山川土地的環境形勢，中知人事處理的得失情由。登高下望，以便觀察敵人的動靜。瞭望敵人的營壘，就能知道敵人的虛實；觀察敵人的士卒，就能了解他們的來去情況。」

武王說：「根據什麼來了解呢？」

太公說：「聽不到敵人的鼓聲和鐸聲，望到敵人營壘上有許多飛鳥卻沒有受驚的樣子，敵營上又無塵埃飛揚，就可知道敵人一定是在施行詐謀，而用一些假人欺騙我軍。敵人倉促離去不遠，沒有安定下來又匆忙返回，他們驅用士卒就太匆促了；太匆促隊伍就會前後沒有次序，而沒有次序行列陣勢就一定會混亂。像這種情況，我可以急速出兵打擊敵人，即便以少擊眾，也一定可以獲勝。」

卷五　豹韜

林戰第四十三

【題解】本篇以義名篇，論述的是在森林地帶與敵人作戰的方法。文章從林地的特點出發，分別就兵力部署、戰術運用等方面進行了闡述，所述簡明扼要，靈活多變。

武王問太公曰：「引兵深入諸侯之地，遇大林，與敵分林相拒，吾欲以❶守則固，以戰則勝，為之奈何？」

太公曰：「使吾三軍分為衝陣❷，便兵所處，弓弩為表，戟楯為裡；斬除草木，極廣吾道，以便❸戰所；高置旌旗，謹敕三軍，無使敵人知吾之情。是謂林戰。

「林戰之法：率吾矛戟，相與為伍；林間木疏，以騎為輔，戰車居前，見便則戰，不見便則止；林多險阻，必置衝陣，以備前後；三軍疾戰，敵人雖眾，其將可走；更戰更息，各按其部。是謂林戰之紀。」

【注　釋】❶以　表論事的標準，相當於「以……論」。❷衝陳　據《直解》，即四武衝陣。❸便　改善。

【語　譯】武王問太公道：「率軍深入諸侯之地，遇到大片森林，與敵人各據森林一部分相互對峙，我想要守則穩固，戰則能勝，應當怎麼辦？」

太公說：「把我三軍分別結成四武衝陣，布置在便於用兵作戰的地點，並且把弓弩布置在外層，把戟盾布置在裡層；要斬除草木，盡力拓寬我軍往來通行的道路，以改善戰場的條件；還要高高地設置旌旗以便聯絡惑敵，同時嚴格治理三軍，不讓敵人知道我軍的實情。這就叫做森林地帶的作戰。

「森林地帶作戰的方法：帶領我使用矛、戟的部隊，共同配合作戰；林間樹木稀疏之地，要以騎兵為輔，而讓戰車居前，見形勢有利就打，看不到形勢有利就不打；林中如多有險阻之地，就一定要布置四武衝陣，以防備前後可能會有的突襲；交戰時三軍要迅疾作戰，敵人即使人多，他們的將領也可以被擊敗潰逃；交戰時我各部隊要交替作戰交替休息，各按其所屬之部行動。這些就是林地作戰的一般原則。」

突戰第四十四

【題解】《直解》：「突戰者，突出其兵而與之戰也。」本篇論述了敵人攻到城下時，出其不意地擊敗敵人的戰法，分兩種情況作了闡述。第一種情況是敵人長驅侵掠，突然攻到了城下，這時城內守軍可和城外部隊相約，選擇月色晦暗的夜晚，用內外夾攻的方法，一舉擊敗敵人。第二種情況是，敵人分兵侵掠，結果有部分攻到了我城下，而大軍還在後面。這時就要抓住戰機，設下伏兵，與敵人接戰而佯敗，將敵人誘至城下，然後伏兵突發，內外衝擊，一舉擊潰敵人。

武王問太公曰：「敵人深入長驅，侵掠我地，驅我牛馬，其三軍大至，薄我城下，吾士卒大恐，人民係累❶，為敵所虜，吾欲以守則固，以戰則勝，為之奈何？」

太公曰：「如此者，謂之突兵，其牛馬必不得食，士卒絕糧，暴擊而前。令我遠邑別軍，選其銳士，疾擊其後。審其期日，必會於晦❷。三軍疾戰，敵人雖眾，其將可虜。」

【章旨】此章論敵人突然逼近城下時的破敵之法。

【注釋】❶係累　綑綁；拘囚。❷晦　夜晚。

【語譯】武王問太公道：「敵人長驅直入，侵占我土地，掠奪我牛馬，其軍隊突然大量開到，逼近我城下，我士卒大為恐慌，而百姓又受到敵人拘禁，成為俘虜，在這種情況下，我想要防守則能穩固，交戰則能獲勝，應該怎麼辦呢？」

太公說：「情形如果這樣，來襲的敵人就可稱之為『突兵』，他們的牛馬一定缺少飼料，士兵一定就要斷絕糧食，故而凶猛地向前攻擊推進。可以命令我遠處城邑中的軍隊，挑選精銳士卒，迅速攻擊敵人的後部。要仔細斟酌突襲的日期，務必使城內城外部隊能夠在夜晚時一起採取行動。到時全軍迅猛戰鬥，敵人即便人數眾多，其將領也可被我俘虜。」

武王曰：「敵人分為三四，或戰而侵掠我地，或止而收我牛馬，其大軍未盡至，而使寇薄我城下，致吾三軍恐懼，為之奈何？」

太公曰：「謹候敵人未盡至，則設備而待之。去城四里而為壘，金鼓旌旗，皆列而張，別隊為伏兵。令我壘上多積強弩，百步一突門❶，門有行馬，車騎居外，勇力銳士隱伏而處。敵人若至，使我輕卒合戰而佯走；令我城上立旌旗，擊鼙鼓，完為守備。敵人以我為守城，必薄我城下。發吾伏兵，以衝其內，或擊其外。三軍疾戰，或擊其前，或擊其後，勇者不得鬥，輕者不及走。名曰突戰，敵人雖眾，其將必走。」

武王曰：「善哉！」

【章　旨】此章論敵人大軍未到，只是部分人前來攻城時的破敵之法。

【注　釋】❶突門　在城牆上或壘壁上面對敵營處，預先鑿好以便部隊突然出擊的暗門。由城牆內向外挖，留五、六寸不挖穿，用時部隊將其推倒衝出，出其不意攻擊敵人。

【語　譯】武王又問道：「敵人分兵三四路，或者向我進攻而侵占我土地，或者滯留某地而掠奪我牛馬，其大軍尚未全部開到，而用一部分部隊逼到了我城下，致使我全軍恐懼，對此該怎麼辦？」

太公說：「仔細偵察，在敵人還沒有全部開到時，就做好準備等待他。在離城四里的地方構築壁壘，金鼓旌旗，都排列布置好，另外派一支隊伍作為伏兵。命令我壁壘上要多多準備強弩，每百步設置一突門，門前布以行馬，車騎兵布在壘外，勇武有力的精銳士卒隱蔽埋伏好。敵人如果到來，讓我輕裝部隊與敵交戰而假裝敗走；同時命令我城上的守軍樹立旗幟，擊鼙鼓，完善守備。這樣敵人就會認為我準備守城，一定會逼近我城下。這時我伏兵就突然出動，以衝擊敵人的中心，或衝擊敵人的外圍。我全軍將士迅猛作戰，或者打擊敵人的前部，或者打擊敵人的後部，使敵人作戰勇敢的無法與我交戰，行動輕捷的來不及逃跑。這種戰法就叫做『突戰』，敵人即便人多，其將領也必定會敗逃。」

武王說：「好啊！」

敵強第四十五

【題解】《直解》：「敵強者，遇敵兵之強而出奇與之戰也。」這兒的強敵，是指夜間來襲的強敵。敵眾我寡，敵強我弱，而我還可能陷於敵人的分割阻斷之中，在此情形下如何破敵？文章分兩層進行了論述。在第一層論述中，作者提出了宜戰不宜守的原則；在第二層論述中，作者提出要設法內外相應夾攻敵人。不難看出，作者十分強調用精兵強將以迅猛之勢攻擊敵人的一端，在夜色掩護下，這樣就可以打亂敵人陣腳，從而獲得勝機。

武王問太公曰：「引兵深入諸侯之地，與敵人衝軍❶相當，敵眾我寡，敵強我弱，敵人夜來，或攻吾左，或攻吾右，三軍震動，吾欲以戰則勝，以守則固，為之奈何？」

太公曰：「如此者，謂之震寇❷，利以出戰，不可以守。選吾材士強弩，車騎為之左右，疾擊其前，急攻其後，或擊其表，或擊其裡，其卒必亂，其將必駭。」

【章　旨】此章論強敵乘夜來襲時的破敵之法。

【注　釋】❶衝軍　突擊的軍隊。❷震寇　令人震驚的敵寇。

【語　譯】武王問太公道：「率軍深入諸侯之地，與敵人的『衝軍』相遇，敵眾我寡，敵強我弱，而敵人乘夜前來，或攻我左翼，或攻我右翼，致使我三軍震動，我想要交戰則能夠獲勝，防守則能夠穩固，應該怎麼辦？」

太公說：「如果碰到這樣的情形，來襲的敵人可稱之為『震寇』，對我軍來說，利於出戰，而不可一味防守。可以挑選我軍勇敢而有武藝的人，配以強弩，並以車騎兵作為他們的左右翼，猛烈地攻擊敵人的前部，迅速地打擊敵人的後部，或者攻擊敵軍的外圍，或者衝擊敵人的內層，這樣，敵軍士兵一定陷入混亂，敵軍將領一定十分駭怕。」

武王曰：「敵人遠遮我前，急攻我後，斷我銳兵，絕我材士，吾內外不得相聞，三軍擾亂，皆散而走，士卒無鬥志，將吏無守心，為之奈何？」

太公曰：「明哉王之問也！當明號審令，出我勇銳冒將❶之士，人操炬火，二人同鼓。必知敵人所在，或擊其表，或擊其裡。微號❷相知，令之滅火，鼓音皆止，中外相應，期約皆當，三軍疾戰，敵必敗亡。」

武王曰：「善哉！」

【章　旨】此章論夜間被強敵分割阻斷時的破敵之法。

【注　釋】❶冒將　敢於向敵軍將領進攻而不怕死。❷微號　暗中傳遞號令。

【語　譯】武王又問道：「敵人遠遠地在前方攔截我軍，又急速攻擊我的後部，分斷我的精銳部隊，阻絕我的勇猛之士，致使我內外失去聯繫，三軍受到擾亂，全都四散而逃，士卒沒有鬥志，將吏無心防守，對此該怎麼辦？」

太公說：「王提的問題真是高明啊！在這種情形下，應當明白而謹慎地發布號令，派出我英勇善戰而不怕死的精銳兵士，讓他們每人都拿著火把，二人同擊一鼓。務必弄清敵人所在的位置，以便或攻擊敵人的外圍，或攻擊敵人的內層。要暗中傳遞號令，讓部隊都知道，然後命令兵士熄滅火把，停止擊鼓。這時我內外互相配合，約好的行動時間也都正當其時，全軍上下勇猛戰鬥，敵人一定敗亡。」

武王說：「說得好啊！」

敵武第四十六

【題解】《直解》：「敵武者，敵人武勇，卒與相遇，欲設計而與之戰也。」本篇就與敵人猝然相遇時可能面對的兩種形勢——一是敵人「甚眾且武」，我軍震駭而走，呈敗兵之勢，二是敵人既多且強，「整治精銳」，致使我軍無法與之對陣——提出了運用伏兵以挽回敗局、克敵制勝的應付之策。本篇所述運用伏兵以弱勝強的戰法，在當時已屢見不鮮，後世則更成為用兵中最常用的一種作戰方略。

武王問太公曰：「引兵深入諸侯之地，卒遇敵人，甚眾且武，武車驍騎，繞我左右，吾三軍皆震，走不可止，為之奈何？」

太公曰：「如此者，謂之敗兵。善者以❶勝，不善者以亡。」

武王曰：「用❷之奈何？」

太公曰：「伏我材士強弩，武車驍騎為之左右，常去前後三里。敵人逐我，發我車騎，衝其左右。如此，則敵人擾亂，吾走者自止。」

【章旨】此章論遭遇戰中我軍呈敗兵之勢時如何用伏兵之計挽回敗局。

【注釋】❶以 因。❷用 同「以」。因也。

【語譯】武王問太公道：「率軍深入諸侯之地，突然與敵人遭遇，敵人人數眾多而且作戰勇猛，戰車和驍勇的騎兵，朝我軍的左右兩側圍繞過來，我三軍震駭，後退奔走而不可阻止，對此情形，該怎麼辦呢？」

太公說：「如果發生這樣的情形，我軍就可稱之為『敗兵』了。不過，善於用兵的人仍能因此而取勝，而不善用兵的人則因此而敗亡。」

武王問：「該怎樣應對這種情形呢？」

太公說：「把我軍的勇士和強弩埋伏好，用戰車和驍勇的騎兵作為他們的左右兩翼，通常離開我軍前後三里。敵人如果追擊我軍，就出動我戰車騎兵，衝擊敵軍的兩側。這樣，敵人就會被攪亂，我軍逃跑的人也會自動停下來。」

武王曰：「敵人與我車騎相當，敵眾我少，敵強我弱，其來整治❶精銳，吾陳不敢當❷，為之奈何？」

太公曰：「選我材士強弩，伏於左右，車騎堅陳而處。敵人過我伏兵，積弩❸射其左右，車騎銳兵疾擊其軍，或擊其前，或擊其後，敵人雖眾，其將必走。」

武王曰：「善哉！」

【章旨】此章論述敵強我弱、我不能與敵對陣交戰時如何用伏兵之計打敗敵人。

【注釋】❶整治　此為嚴整義。❷當　抵擋；對抗。❸積弩　連發之弩，即連弩。

【語譯】武王又問道：「如果敵人與我的車騎兵相遇，敵眾我寡，敵強我弱，敵人前來攻我，陣勢嚴整，士卒精銳，我不敢與敵人對陣交戰，對此又該怎麼辦？」

太公說：「可以挑選我軍的勇士和強弩，埋伏在左右兩旁，而用戰車、騎兵布成堅實的陣勢以待命。如果敵人通過了我設伏的地段，就用連弩猛射其左右兩側，戰車、騎兵組成的精銳部隊迅猛地攻擊敵軍，有的攻擊它的正面，有的攻擊它的後部，敵人即便人多，其將領也必定敗逃。」

武王說：「說得好哇！」

鳥雲山兵第四十七

【題解】本篇論述的是山地作戰的一種戰法。文章針對在山地作戰容易陷入兩種困境，即被四面圍困在山上或被緊緊封閉在山下，提出了當軍隊被山而處時，必須要布成鳥雲之陣以應敵。該陣法的具體內容今已不得其詳，下一篇〈鳥雲澤兵〉中有云：「所謂鳥雲者，鳥散而雲合、變化無窮者也。」兩篇合參，可見鳥雲陣是一種飄忽不定，十分靈活的陣法，和四武衝陣相配合，通過機動靈活、出其不意地攻擊敵人來取得勝利。本篇論述山地戰法仍較籠統，但比起《孫子》，已詳備得多了。

武王問太公曰：「引兵深入諸侯之地，遇高山磐石❶，其上亭亭❷，無有草木，四面受敵，吾三軍恐懼，士卒迷惑，吾欲以守則固，以戰則勝，為之奈何？」

太公曰：「凡三軍處山之高，則為敵所棲❸；處山之下，則為敵所囚。既以被山而處❹，必為鳥雲之陣。鳥雲之陣，陰陽❺皆備，或屯其陰，或屯其陽。處山之陽，備山之陰；處山之陰，備山之陽。處山之左❻，備山之右；處山之右，備山之左。其山，敵所能陵❼者，兵備其表；衢道❽通谷，絕以武車；高置旌旗，謹敕❾三軍，無使敵人知吾之情。是謂山城❿。行列已定，士卒已陳，法令已行，奇正已設，各置衝陳於山之表，便兵所處，乃分車騎為鳥雲之陣。三軍疾戰，敵人雖眾，其將可擒。」

【注　釋】❶磐石　扁厚的大石。❷亭亭　聳立的樣子。❸為敵所棲　《直解》：「如棲集於危巢之上而不得下也。」即為敵所困之意。棲，鳥類歇宿。❹被山而處　即處於山上。被，覆蓋。❺陰陽　山之南、水之北為陽，山之北、水之南為陰。又可泛指凡事相對的兩個方面。❻山之左　山之左為東，山之西為右。❼陵　升；登上。❽衢道　岔路。❾敕　整飭；整頓。❿山城　依山所築之城。

【語　譯】武王問太公道：「率軍深入諸侯之地，遇到高山巨石，山頂高聳而沒有草木，又四面受敵，致使我三軍恐懼，士卒心神無主，而我想守則穩固，戰則能勝，應該怎麼辦？」

太公說：「大凡軍隊處於山的高處，就容易被敵人所圍困；處於山下，就容易為敵人所囚閉。部隊既然已經處在山上了，就一定要布成鳥雲之陣。鳥雲陣法，對山的陰陽兩面都要有所戒備，部隊則或者屯聚在山的北面，或屯聚在山的南面。在山的南面時，要戒備山的北面；在山的北面時，要戒備山的南面。在山的東面時，要戒備山的西面；在山的西面時，要戒備山的東面。部隊所在的這座山，凡是敵人能登上去的地方，都要派兵防守；岔路和能通行的谷地，都要用戰車阻斷；要在高處設置旌旗，並小心地統理三軍，不讓敵人知道我軍的實情。這就叫作『山城』。行列已經排好，士卒已經列陣，法令已經頒行，用兵的奇正方略也已設計妥當，各支部隊在山的各處結好了四武衝陣，還改善了部隊所在地的作戰環境，於是分派車騎，布成鳥雲之陣。全軍上下迅猛作戰，敵人即便人數眾多，其將領也可為我擒獲。」

烏雲澤兵第四十八

【題解】本篇共三章，論述了在江河水澤地帶的作戰方法。第一章論述了在與敵人隔水相峙，而我軍條件惡劣、後勤無備時的破敵之法；第二章指出了敵人沒有上當，反而迂迴包抄我時，應如何擺脫困境；第三章論述了敵人已知我有伏兵而先以小部隊渡河攻我時的敗敵之法。在文章的最後，再次強調了鳥雲陣法的運用，突出了這一陣法的實用價值和用奇兵取勝的戰術方法，故而全篇也就以「鳥雲澤兵」為名。

武王問太公曰：「引兵深入諸侯之地，與敵人臨水相拒，敵富而眾，我貧而寡，踰水擊之則不能前，欲久其日則糧食少，吾居斥鹵之地❶，四旁無邑，又無草木，三軍無所掠取，牛馬無所芻牧❷，為之奈何？」

太公曰：「三軍無備，牛馬無食，士卒無糧，如此者，索便詐敵而亟❸去之，設伏兵於後。」

【章旨】此章指出用詐敵之法敗敵。

【注　釋】❶斥鹵之地　鹽鹹地，此泛指貧瘠荒蕪之地。❷芻牧　草料和牧地。❸亟　趕快。

【語　譯】武王問太公道：「率軍深入諸侯之地，和敵人隔水對峙，敵人財力富足而兵員眾多，我軍資財貧乏而兵力寡少，想渡水攻擊敵人卻無法前進，想拖延時日卻又缺少糧食，而我軍又處於貧瘠荒蕪之地，四周沒有城邑，又沒有草木資源，以致我三軍無處獲取物資，牛馬沒有草料和放牧場所，對此我該怎麼辦呢？」

太公說：「三軍沒有物資準備，牛馬沒有飼料，士卒沒有糧食，如果情況這樣，索性就欺騙一下敵人，迅速撤走，但在後面埋下伏兵。」

武王曰：「敵不可得而詐，吾士卒迷惑，敵人越我前後，吾三軍敗亂而走，為之奈何？」

太公曰：「求途之道，金玉為主。必因敵使，精微為寶。」

【章　旨】此章點出被敵人迂迴包抄時擺脫困境的兩個要素。

【語　譯】武王又問道：「如果敵人沒有受我欺騙，我軍的士卒倒反而不知所措，而敵人又在我前後迂迴包抄，致使我三軍敗亂而逃，對此又該怎麼辦？」

太公說：「這時尋求出路的方法，就主要靠金銀寶玉的使用了。一定要利用敵人的使節來實現自己的計謀，而計謀的精巧周到又最為重要。」

武王曰：「敵人知我伏兵，大軍不肯濟，別將分隊以踰於水，吾三軍大恐，為之奈何？」

太公曰：「如此者，分為衝陣，便兵所處，須[1]其畢出，發我伏兵，疾擊其後，強弩兩旁，射其左右。車騎分為鳥雲之陳，備其前後，三軍疾戰。敵人見我戰合，其大軍必濟水而來，發我伏兵，疾擊其後，車騎衝其左右，敵人雖眾，其將可走。

「凡用兵之大要，當敵臨戰，必（宜）〔置〕衝陣，便兵所處，然後以（軍）〔車〕騎分為鳥雲之陳，此用兵之奇也。所謂鳥雲者，鳥散而雲合、變化無窮者也。」

武王曰：「善哉！」

【章　旨】此章論述敵人先以小部渡水攻我而繼之以大部隊時的破敵之策，並強調了鳥雲陣法在用兵中的重要性。

【注　釋】❶須　等待。

【語　譯】武王又問道：「如果敵人已知道我埋有伏兵，大軍不肯渡河，而另外先派小部隊渡河，使我三軍大為恐慌，對此又該怎麼辦？」

太公說：「如果這樣，可將部隊分別布成四武衝陣，改善部隊所在地的作戰環境，等到小股敵人全部渡過河了，就出動伏兵，猛烈攻擊敵人的後部，強弩從兩旁射擊敵人的兩側。另外要將車騎部隊布成鳥雲陣，在前後防備，全軍都要迅猛作戰。敵人見我軍已和其渡河的小部隊交戰，其大軍就一定會渡過河來，這時再出動我伏兵迅猛打擊敵軍的後部，車騎兵則猛烈衝擊其左右兩側，敵人即使兵力眾多，他們的將領也會被打得落荒而逃。

「大凡用兵的要領是，當遇到敵人面臨戰鬥時，一定要結成四武衝陣，改善部隊所在地的作戰環境，然後用車騎布成鳥雲之陣，這就是用兵中的『奇』。所謂鳥雲，就是鳥散而雲合、變化無窮的意思。」

武王說：「說得好哇！」

少眾第四十九

【題　解】少眾，以少擊眾。本篇論述以少擊眾、以弱擊強，是從用兵和外交兩方面著眼的。從用兵上看，既然敵眾我寡、敵強我弱，就要求以出奇不意的戰術來克敵制勝；本篇所論詐誘敵將、在深草隘路處伏擊敵人等，都體現了用兵奇正方略中「奇」的一面。從外交上看，我既處於弱勢，就當設法獲得大國、鄰國的幫助，為此文中提出了幾點方法。本篇言簡意賅，所論策略在烽火四起、縱橫捭闔的戰國時代可獲得廣泛的印證，顯見得是當時實踐經驗的總結。

武王問太公曰：「吾欲以少擊眾，以弱擊彊，為之奈何？」

太公曰：「以少擊眾者，必以日之暮，伏於深草，要之隘路；以弱擊彊者，必得大國（而）〔之〕與❶、鄰國之助。」

武王曰：「我無深草，又無隘路，敵人已至，不適❷日暮；我無大國之與，又無鄰國之助，為之奈何？」

太公曰：「妄張詐誘，以熒惑❸其將；迂其道，令過深草；遠其路，今會❹日（路）〔暮〕；前行未渡水，後行未及舍，發我伏兵，疾擊其左右，車騎擾亂其前後，敵人雖眾，其將可走。事大國之君，下鄰國之士，厚其幣，卑其辭，如此，則得大國之與、鄰國之助矣！」

武王曰：「善哉！」

【注釋】❶與　援助。❷適　恰好。❸熒惑　迷惑。❹會　恰巧；適逢。

【語譯】武王問太公道：「我想要以少擊眾，以弱擊強，應該怎麼辦？」

太公說：「要以少擊眾，一定要在日暮之時，在深草叢中埋伏，在隘路上截擊敵人；要以弱擊強，一定要得到大國的支持、鄰國的幫助。」

武王說：「我軍沒有深草可以埋伏，又沒有隘路可以攔擊，然而敵人已經到來，又不是正當日暮時分，而且我沒有大國的支持，又沒有鄰國的幫助，又該怎麼辦呢？」

太公說：「可以大張聲勢詐騙敵人，來迷惑敵軍的將領；設法讓敵人走迂迴曲折的道路，使他們經過深草地帶；設法使敵人走遠路，讓他們正好在日暮時分到達；在敵人的前頭部隊尚未渡河，後續部隊沒來得及紮營時，就出動我軍的伏兵，迅猛打擊敵人的左右兩側，另派車騎部隊擾亂敵軍的前後，敵人即便人多，他們的將領也可被打得敗逃。要服事大國的君主，禮下鄰國的賢士，饋贈豐厚的錢財，使用謙卑的言辭，這樣，就可以得到大國的支持、鄰國的幫助了。」

武王說：「說得好哇！」

分險第五十

【題解】本篇說的是在山水險阻地帶如何打敗敵人，從防守和進攻兩方面進行論述。首先指出必須有嚴密而堅固的防衛，「處山之左，急備山之右；處山之右，急備山之左。」要調遣兵力，開闢戰場，布好陣勢，堵絕通路，使部隊處於攻守兼備的態勢。其次，就進攻而言，指出一般要以戰車為前衛，而四武衝陣和輪番作戰的戰術，則將致敵人於必敗之地。

武王問太公曰：「引兵深入諸侯之地，與敵人相遇於險阨之中，吾左山而右水，敵右山而左水，與我分險相拒，(各)〔吾〕欲以守則固，以戰則勝，為之奈何？」

太公曰：「處山之左，急備山之右；處山之右，急備山之左。險有大水無舟楫者，以天潢濟吾三軍。已濟者亟廣吾道，以便戰所。以武衝為前後，列其強弩，令行陳皆固，衢道谷口，以武衝絕之，高置旌旗，是謂車城❶。

「凡險戰之法，以武衝為前，大櫓為衛，材士強弩翼吾左右；三千人為屯❷，必置衝陳，便兵所處；左軍以左，右軍以右，中軍以中，並攻而前；已戰者，還歸屯所，更戰更息，必勝乃已。」

武王曰：「善哉！」

【注　釋】❶車城　用戰車築起來的城牆，喻防禦堅固。❷屯　本為駐守，此指駐守單位。

【語　譯】武王問太公道：「率軍深入諸侯之地，與敵人在險要之地相遇，我軍左面靠山而右面臨水，敵人右面靠山而左面臨水，與我各據險要而對峙，我想守則堅固，戰則能勝，應當怎麼辦？」

太公說：「部隊占據山的左側時，要趕緊防守山的右側；占據山的右側時，要趕緊防守山的左側。在有大河卻無船隻可渡的險地，要用天潢把軍隊渡過去。已渡過河的部隊，要迅速開拓我軍前進的道路，以利於部隊在有利的場所與敵人交戰。應該在隊伍前後配備武衛大戰車，排列強弩，使部隊陣形堅固。對於岔道和谷口，要用武衛戰車阻絕，並高高地設置旌旗，這叫做『車城』。

「大凡在險地的作戰方法是，用武衛大戰車為前衛，大盾牌作防衛，勇士強弩護衛兩側；三千人為一單位駐守在一起，又必須結成四武衛陣，改善部隊所在地的作戰環境；進攻時，左軍在左，右軍在右，中軍在中，並力攻擊前進；已和敵人戰鬥過的部隊，就返回駐地休息，全軍輪流作戰，輪流休息，務必到取得勝利才停止。」

武王說：「說得好哇！」

卷六　犬韜

分合第五十一

【題解】部隊平時分別駐守各地，戰時就要會集起來，這就是軍隊的分合之變。本篇敘述了如何將分駐在各處的部隊集中起來以與敵人作戰的方法，包括了確定時間、地點，行文各處將領，施行賞罰以嚴明軍紀等環節。

武王問太公曰：「王者帥師，三軍分為數處，將欲期會合戰，約誓❶賞罰，為之奈何？」

太公曰：「凡用兵之法，三軍之眾，必有分合之變。其大將先定戰地、戰日，然後移檄書❷與諸將吏，期攻城圍邑，各會其所；明告戰日，漏刻有時❸。大將設營而陳，立表❹轅門❺，清道❻而待。諸將吏至者，校其先後，先期至者賞，後期至者斬。如此，則遠近奔集，三軍俱至，並力合戰。」

【注　釋】❶誓　古代告誡將士或互相約束的言辭。❷檄書　古代官方的文書，多用於曉諭、徵召或聲討。❸漏刻有時　用漏刻來計算時辰。漏刻，又稱「漏壺」。古代的一種計時器。❹表　古代用來測量日影以計時的標竿。❺轅門　軍營的營門。❻清道　清掃道路，禁止行人來往。

【語　譯】武王問太公道：「君王統率軍隊，三軍分別駐守在幾個地方，想要讓他們按期會合與敵人作戰，定好條律，施行賞罰，應該怎麼辦？」

太公說：「大凡用兵的法則，由於三軍人數眾多，就一定會有分散或會合的變動。三軍的大將首先要確定會師作戰的地點和日期，然後行文給各位將吏，約好日期圍攻敵人的城邑，讓他們都到約定的地點來會合；一定要明確地告訴他們作戰的日子，對具體的時辰也要有規定。大將先將自己的部隊設營布陣，在營門樹立觀測時辰的標竿，清掃好道路，禁止路人通行，等候將吏們的到達。對前來報到的眾將吏，要核查他們到達時間的先後，在規定時間以前到達的給以獎賞，在規定時間之後才到的就斬首。這樣，遠近各處的部隊就會奔跑著趕來會集，三軍全部到達，同心合力與敵人作戰。」

武鋒第五十二

【題解】《直解》：「(或)〔武〕鋒者，選吾武勇鋒銳之士，伺其便則出而破敵也。」本篇列舉的所謂「十四變」，用今天的話來說，就是便利於打擊敵人的十四種戰機，這同《孫子》強調要爭取先機之利意思相同。但本篇如此詳細地一一列出，反映了戰國時期軍事思想中對作戰時機問題的重視。

武王問太公曰：「凡用兵之要，必有武車驍騎，馳陳選鋒❶，見可則擊之。如何則可擊？」

太公曰：「夫欲擊者，當審察敵人十四變，變見則擊之，敵人必敗。」

武王曰：「十四變可得聞乎？」

太公曰：「敵人新集可擊，人馬未食可擊，天時不順可擊，地形未得可擊，奔走可擊，不戒可擊，疲勞可擊，將離士卒可擊，涉長路可擊，濟水可擊，不暇❷可擊，阻難狹路可擊，亂行可擊，心怖可擊。」

【注　釋】❶選鋒　從士卒中選拔精銳組成隊伍。❷不暇　沒有閒暇；不從容。

【語　譯】武王問太公道：「大凡用兵打仗的要領，一定要有戰車和驍勇的騎兵，以及衝鋒陷陣的精銳隊伍，見到時機許可就打擊敵人。那麼，在什麼樣的情況下可以出擊呢？」

太公說：「要打擊敵人，就應當仔細觀察敵人方面是否有十四種變化，變化出現了就可以出擊，敵人必定會被打敗。」

武王問：「那十四種變化可以讓我聽聽嗎？」

太公說：「敵人剛集結，立足不穩時可以出擊；敵人人馬饑餓，不曾飲食時可以出擊；天時對敵人不利時可以出擊；地形對敵人不利時可以出擊；敵人奔跑時可以出擊；敵人沒有戒備時可以出擊；敵人疲勞困乏時可以出擊；敵人將領離開了士卒時可以出擊；敵人長途跋涉時可以出擊；敵人正在渡水時可以出擊；敵人倉促忙亂時可以出擊；敵人通過險阻狹路時可以出擊；敵人行列散亂無節制時可以出擊；敵人軍心恐怖沒有鬥志時可以出擊。」

練士第五十三

【題解】《直解》：「練士者，簡練材勇之士，各以類聚之也。」本篇論述根據氣質、身體條件、出身或社會地位、技能專長等特點挑選士卒，進行編組。這種方法是出於實戰的需要，也有利於士卒們發揮各自的特長。

武王問太公曰：「練士❶之道奈何？」

太公曰：「軍中有大勇、敢死、樂傷者，聚為一卒❷，名曰冒刃之士；有銳氣壯勇彊暴者，聚為一卒，名曰陷陳之士；有奇表❸長劍、接武❹齊列者，聚為一卒，名曰勇銳之士；有拔距❺伸鉤❻、彊梁❼多力、潰破金鼓、絕滅旌旗者，聚為一卒，名曰勇力之士；有踰高絕遠❽、輕足善走者，聚為一卒，名曰（冠）〔寇〕兵❾之士；有王臣失勢欲復見功❿者，聚為一卒，名曰死鬥之士；有死將之人子弟欲與其將報仇者，聚為一卒，名曰敢死之士；有贅婿⓫人虜欲掩跡揚名者，聚為一卒，名曰勵鈍⓬之士；有貧窮憤怒欲快其心者，聚為一卒，名曰必死之士；有胥靡⓭免罪之人欲逃其恥⓮者，聚為一卒，名曰倖用⓯之士；有材技兼人⓰能負重致遠⓱者，聚為一卒，名曰待命之士。此軍之服習⓲，不可不察也。」

【注釋】❶練士　挑選士卒。練，通「揀」。❷卒　古代軍制單位，一百人為一卒。此義為隊。❸奇表　外表奇特出眾。❹接武　行路足跡前後相接，即細步走。武，足跡。❺拔距　是古代訓練武功的一種活動。其解釋不一，有的以為訓練跳躍，有的以為訓練腕力。❻伸鉤　臂力過人，能把鐵鉤拉直。❼彊梁　強橫；強悍果決。❽絕遠　跨遠；跳遠。絕，跨越；渡過。❾寇兵　能機動靈活地打擊敵人的軍隊。❿見功　在上司那兒表現功勞，即建立功勞。⓫贅婿　男到女家成婚者。古人視此為不光彩的事。⓬勵鈍　激勵遲鈍不思上進的人，使之奮發向上。⓭胥靡　古代服勞役的刑徒。⓮逃其恥　掩蓋、洗刷恥辱。⓯倖用　破格起用。倖，非分所得。⓰兼人　勝過別人。⓱負重致遠　比喻能擔當重任。⓲服習　習慣。

【語譯】武王問太公道：「挑選士卒的方法是怎樣的？」

太公說：「軍隊中有勇氣大、不怕死、不怕傷的，把他們集中編成一隊，叫做『冒刃之士』；有銳氣旺盛勇武而強悍的，把他們集中編成一隊，叫做『陷陣之士』；有外表奇特出眾而善用長劍，細步快行而又能保持陣列整齊的，把他們集中編為一隊，叫做『勇銳之士』；有臂力過人能拉直鐵鉤，強悍有力能衝入敵陣搗破金鼓、拔除旗幟的，把他們集中編為一隊，叫做『勇力之士』；

有能夠翻高牆、越寬溝，步履輕捷而善於奔跑的，把他們集中編為一隊，叫做『寇兵之士』；有曾為臣子因事失勢而想重新建功立業的，把他們集中編成一隊，叫做『死鬥之士』；有陣亡將領的子弟而想要為其父兄報仇的，把他們集中編為一隊，叫做『敢死之士』；有出贅為婿或曾被俘虜而想遮醜揚名的，把他們集中編為一隊，叫做『勵鈍之士』；有忍受貧窮而心懷忿怒，想要一逞快意的，把他們集中編成一隊，叫做『必死之士』；有作為免罪的刑徒而想洗刷恥辱的，把他們集中編為一隊，叫做『倖用之士』；有才技超人而能負重致遠的，把他們集中編為一隊，叫做『待命之士』。這些是軍隊中用人的習慣，不可不加以考察呵！」

教戰第五十四

【題　解】本篇論述如何訓練作戰部隊。首先在訓練內容上，指出要訓練士兵服從指揮，要教他們掌握旌旗變化的指揮意義、兵器使用，以及坐立分合等各種戰鬥動作的變化。其次在訓練方法上，提倡先培訓骨幹，然後由骨幹逐步擴大到全軍。

武王問太公曰：「合三軍之眾，欲令士卒練❶士，教戰之道奈何？」

太公曰：「凡領三軍，有金鼓之節❷，所以整齊士眾者也。將必先明告吏士，申之以三令❸，以教操兵起居❹、旌旗指麾❺之變法。故教吏士，使一人學戰，教成，合之十人；十人學戰，教成，合之百人；百人學戰，教成，合之千人；千人學戰，教成，合之萬人；萬人學戰，教成，合之三軍之眾，大戰之法教成，合之百萬之眾。故能成其大兵，立威於天下。」

武王曰：「善哉！」

【注釋】❶練　熟練。❷節　節制；指揮。❸申之以三令　再三告誡，反覆強調。❹起居　指坐、立、分、合、解、結等戰鬥動作。❺旌旗指麾　用旌旗來指揮作戰，如變換陣法、衝鋒、後撤等。指麾，同「指揮」。

【語譯】武王問太公道：「會集三軍官兵，想讓士卒們都成為熟習戰鬥要求的士兵，教練的方法應當怎樣？」

太公說：「大凡統領三軍，要有金鼓的指揮，用來統一部隊的行動。將帥一定要先明確地告訴官兵訓練的要求，要三令五申，這樣來教授兵器使用、起立分合，及旌旗指揮作戰的各種變化方法。所以訓練官兵時，要先讓一個人受訓，等到教練成了，就讓十個人合練；十人受訓，等到教練成了，就讓一百個人合練；一百人受訓，等到教練成了，就讓一千個人合練；一千人受訓，等到教練成了，就讓一萬人合練；一萬人受訓，等到教練成了，就讓三軍官兵一起合練；等到三軍大規模作戰的方法都教練成了，就用百萬大軍一起合練。因此能成就為強大的軍隊，在天下建立起威勢。」

武王說：「說得好呵！」

均兵第五十五

【題解】本篇指出了車兵、騎兵的不同作戰特點，論述了車、騎、步三個兵種之間戰鬥力的對比關係，以及車、騎兵的組織編制和作戰陣法。值得注意的是，文章在論述中區別了在平地作戰和在險地作戰這兩種不同的情況，說明了所論並非空泛之談，而是帶有指導實戰的意義。所以《直解》指出：「均兵者，車、騎、步三者，視地之險易，相參而使其勢力均也。」

武王問太公曰：「以車與步卒戰，一車當幾步卒？幾步卒當一車？以騎與步卒戰，一騎當幾步卒？幾步卒當一騎？以車與騎戰，一車當幾騎？幾騎當一車？」

太公曰：「車者，軍之羽翼也，所以陷堅陳，要彊敵，遮走北也。騎者，軍之伺候❶也，所以踵❷敗軍，絕糧道，擊便寇❸也。故車騎不敵戰❹，則一騎不能當步卒一人。三軍之眾，成陳而相當，則易戰❺之法：一車當步卒八十人，八十人當一車；一騎當步卒八人，八人當一騎；一車當十騎，十騎當一車。險戰之法：一車當步卒四十人，四十人當一車；一騎當步卒四人，四人當一騎；一車當六騎，六騎當一（卒）〔車〕。夫車騎者，軍之武兵也，十乘敗千人，百乘敗萬人，十騎敗百人，百騎走千人，此其大數❻也。」

【章旨】此章概括了車、騎兵在軍事行動上的各種功效，論述了在平地與險地作戰時，車、騎、步三兵種的戰鬥力對比關係。

【注釋】❶伺候　有窺探義，故此意為待敵人有隙可乘時則乘機出擊。❷踵　追逐。❸便寇　靈活、流動的敵寇。❹不敵戰　《直解》：「車騎不相敵而與人戰。」意為在作戰時，戰車或騎兵與敵人的兵力對比不對等、不相當。❺易戰　在平坦地形作戰。❻大數　約計的整數。

【語譯】武王問太公道：「用戰車與步兵作戰，一輛戰車抵得上幾名步兵？幾名步兵相當於一輛戰車？用騎兵與步兵作戰，一名騎兵抵得上幾名步兵？幾名步兵相當於一名騎兵？用戰車與騎兵作戰，一輛戰車抵得上幾名騎兵？幾名騎兵相當於一輛戰車？」

太公說：「戰車在軍隊中的作用好比鳥的羽翼，是用來攻陷堅陣，截擊強敵，阻絕逃敵的。騎兵在軍隊中的作用是乘機出擊，是用來追擊敗軍，斷絕糧道，襲擊流寇的。所以戰車或騎兵與敵人兵力不相當而投入戰鬥，那麼一名騎兵連一名步兵都抵不上。雙方軍隊如果全都布成陣勢而且兵力相當，那麼在平地上作戰時的估算辦法是：一輛戰車相當於步兵八十人，八十名步兵抵上一輛戰車；一名騎兵相當於步兵八人，八名步兵抵上一名騎兵；一輛戰車相當於騎兵十人，十名騎兵抵上一輛戰車。在險地上作戰時的估算辦法是：一輛戰車相當於步兵四十人，四十名步兵抵上一輛戰車；一名騎兵相當於步兵四人，四名步兵抵上一名騎兵；一輛戰車相當於騎兵六人，六名騎兵抵上一輛戰車。戰車和騎兵，是軍隊中最勇猛的兵種，十輛戰車可以打敗一千人，一百輛戰車可以打敗一萬人，十名騎兵可以打敗一百人，一百名騎兵可以打敗一千人，這些就是車騎步三者戰鬥力對比的大略數字。」

武王曰：「車騎之吏數、陳法奈何？」

太公曰：「置車之吏數：五車一長，十車一吏，五十車一率❶，百車一將。易戰之法：五車為列，相去四十步，左右十步，隊間六十步。險戰之法：車必循道，十車為聚❷，二十車為屯❸；前後相去二十步，左右六步，隊間三十六步，五車一長；縱橫相去二里，各返故道。

「置騎之吏數：五騎一長，十騎一吏，百騎一率，二百騎一將。易戰之法：五騎為列，前後相去二十步，左右四步，隊間五十步。險戰者：

前後相去十步，左右二步，隊間二十五步；三十騎為一屯，六十騎為一輩❹，十騎一吏；縱橫相去百步，周環❺各復故處。」

武王曰：「善哉！」

【章旨】此章敘述了車、騎兵的組織編制情況及在平地和險地作戰時的陣法排列。

【注釋】❶率　一種古官職名稱。❷聚　此指一種分行列的戰鬥編組。❸屯　一種分行排列的戰鬥編組名稱。❹輩　一種分有行列的戰鬥編組名稱。❺周環　同「周還」、「周旋」。追逐、交戰之意。

【語譯】武王又問道：「戰車和騎兵軍官的設置數目及作戰時的陣法是怎樣的？」

太公說：「戰車官吏之設置的數目是：五輛戰車設一長，十輛戰車設一吏，五十輛戰車設一率，一百輛戰車設一將。戰車在平地作戰的陣法是：五輛戰車為一列，前後相距四十步，左右相距十步，隊與隊之間距離六十步。在險地作戰的陣法是：戰車一定要順著道路行馳，十輛戰車為一聚，二十輛戰車為一屯；車與車前後要相距二十步，左右相距六步，隊與隊之間距離三十六步，每五輛戰車設一長；活動的範圍前後左右不要超過二里，還要及時返回原路。

「騎兵官吏之設置的數目是：五名騎兵設一長，十名騎兵設一吏，一百名騎兵設一率，二百名騎兵設一將。騎兵在平地作戰的陣法是：五名騎兵為一列，前後相距二十步，左右相距四步，隊與隊之間距離五十步。在險地作戰的陣法是：前後相距十步，左右相距二步，隊與隊之間距離二十五步；三十名騎兵為一屯，六十名騎兵為一輩，每十名騎兵設一吏；活動的範圍前後左右各相距百步，交戰之後就各自回到原來的位置上。」

武王說：「說得好啊！」

武車士第五十六

【題　解】《直解》：「武車士者，選擇材士之人用車以戰，謂之武車士。」本篇所論選拔武車士的標準，主要有年齡、身體條件、勇力及才藝等項。由於戰車是當時軍隊中最勇猛的兵種之一，所以提出的選拔要求相當高，但是也強調了要給他們優厚的待遇。

武王問太公曰：「選車士❶奈何？」

太公曰：「選車士之法，取年四十已下，長七尺五寸已上❷，走能逐奔馬，及馳而乘之，前後、左右、上下周旋，能縛束旌旗，力能彀❸八石弩❹，射前後左右皆便習❺者。名曰武車之士，不可不厚也。」

【注　釋】❶車士　戰車上作戰的武士。❷長七尺五寸已上　中國尺制歷代不同，大抵今長於古，以周制而言，一尺約在今制六寸半到七寸之間。❸彀　張滿弓弩。❹八石弩　古時習慣以重量單位來描述弓弩的強度。石為重量單位，古代一百二十斤為一石，故八石弩，即拉力為九百六十斤的弩。周代每斤為今制半斤左右。❺便習　熟練。

【語　譯】武王問太公道：「應該怎樣挑選戰車上的武士？」

太公說：「選拔戰車上武士的標準，是要挑選那些年齡在四十歲以下，身高在七尺五寸以上，跑起來能追上奔馬，等到乘在疾馳的戰車上時，前後、左右、上下都能應付自如，能控制住旌旗，臂力能拉滿八石之弩，而且向前後左右射擊都十分熟練的人。這種人稱為武車士，不可不厚待他們呵！」

武騎士第五十七

【題解】《直解》：「武騎士者，選擇材技之人乘騎以戰，謂之武騎士。」由於騎兵和戰車一樣，也是當時最精銳的兵種，所以本篇所述挑選武騎士的標準也很高。其年齡、身高的要求與武車士相同，但在勇力與才藝方面，武車士更強調在奔馳的車上穩重自如，膂力過人，武騎士則更強調健勁敏捷，以及騎術的高超。

武王問太公曰：「選騎士奈何？」

太公曰：「選騎士之法，取年四十已下，長七尺五寸已上，壯健捷疾，超絕倫等❶，能馳騎彀射，前後左右周旋進退，越溝塹，登丘陵，冒險阻，絕大澤，馳強敵，亂大眾者。名曰武騎之士，不可不厚也。」

【注釋】❶倫等　義同「等倫」。即同輩。

【語譯】武王問太公道：「應怎樣挑選武騎士？」

太公說：「挑選武騎士的標準，是挑選那些年齡在四十歲以下，身高在七尺五寸以上，身體健壯和反應敏捷都超過同輩人，能夠在馬上疾馳並拉弓射箭，前後左右都能周旋進退自如，能越過溝塹，登上丘陵，衝擊險阻，渡過大水，追擊強敵，打亂敵眾的人。稱他們為武騎士，不可以不厚待他們呵！」

戰車第五十八

【題解】用戰車作戰，最依賴於地形；有利的地形能充分地發揮戰車的攻擊力，不利的地形則能使戰車陷入絕境。所以本篇首論地形，可謂是抓住了車戰問題中的關鍵。所以《直解》云：「戰車者，以車與敵戰，務知其地形之便、不便也。」但劉寅所說只概括了本篇內容的一半，因為本篇不但論述了車戰必須注意避免的十種危險境地，從而強調了車戰最基本的戰術要求，還指出了車戰所當把握的戰機。對地形條件和作戰時機都加以重視，才使戰鬥獲勝有了更大的保障。

武王問太公曰：「戰車奈何？」

太公曰：「步貴知變動，車貴知地形，騎貴知別徑奇道：三軍❶同名而異用也。凡車之死地❷有十，其勝地❸有八。」

【章旨】此章指出車戰貴在重視地形，提出車戰有十「死地」和八「勝地」。

【注釋】❶三軍　此指步、騎、車三個兵種。❷死地　此指因地形條件惡劣所造成的危險處境。❸勝地　在此指八種能夠獲勝的有利時機。

【語譯】武王問太公道：「怎樣用戰車同敵人作戰？」

太公說：「步兵作戰貴在會隨機應變，戰車作戰貴在懂得地形之利弊，騎兵作戰貴在熟悉旁道捷徑：步兵、車兵、騎兵同有軍隊之名，但使用起來是不一樣的。大致說來，戰車的危險處境有十種，獲勝的時機有八種。」

武王曰：「十死之地奈何？」

太公曰：「往而無以還者，車之死地也；越絕險阻，乘敵遠行者，車之竭地也；前易後險者，車之困地也；陷之險阻而難出者，車之絕地也；圮下漸澤❶，黑土黏埴❷者，車之勞地也；左險右易，上陵仰阪❸者，車之逆地也；殷草橫畝❹，犯歷❺深澤者，車之拂❻地也；車少地易，與步不敵者，車之敗地也；後有溝瀆❼，左有深水，右有峻阪者，車之壞地也；日夜霖雨，旬日不止，道路潰陷，前不能進，後不能解❽者，車之陷地❾也。此十者，車之死地也；故拙將之所以見❿擒，明將之所以能避也。」

【章　旨】此章釋車戰的十「死地」——十種因地形不利所造成的危境。

【注　釋】❶圮下漸澤　毀塌低濕之地。圮下，毀壞；坍塌。漸澤，低濕之地。❷黏埴　細密的黃黏土。黏，俗作「粘」。❸上陵仰阪　上越丘陵，面向斜坡。❹殷草橫畝　草叢茂盛，橫連田畝。❺犯歷　在此是涉越的意思。❻拂　不如意。❼溝瀆　溝渠。❽解　解脫。❾陷地　陷入而難出之地。❿見　被。

【語　譯】武王又問道：「十種危境是什麼？」

太公說：「可以前進但卻無法退還，這就是戰車的死地了；越過險阻，乘敵後退而長途追擊，這就是戰車的力竭之地了；地形前面平坦易行，後面險隘難通，這就是戰車的困境了；陷入險阻之地而難以解脫出來，這就是戰車的絕境了；地形坍塌低濕，還有黑、黃黏土的地帶，這就是戰車的疲勞之地了；左面險隘難行，右面平坦易通，還要上丘爬坡，這就是戰車的逆境了；茂草橫連田畝，還要涉過深深水窪，這也是戰車的逆境了；車少地平，與步兵兵力不相當，這就是戰車的失敗之地了；後面有溝渠，左面有深水，右面有高坡，這就是戰車的惡境了；日夜連綿大雨，十天半月不止，道路塌陷，前不能推進，後無法解脫，這就是戰車的陷阱之地了。這十種情況，都能置戰車於死地；所以拙劣的將領往往被擒獲，而聰明的將領則能免遭厄運。」

武王曰：「八勝之地奈何？」

太公曰：「敵之前後，行陳未定，即陷之；旌旗擾亂，人馬數動，即陷之；士卒或前或後，或左或右，即陷之；陳不堅固，士卒前後相顧，即陷之；前往而疑，後恐而怯，即陷之；三軍卒驚，皆薄❶而起，即陷之；戰於易地，暮不能解，即陷之；遠行而暮舍，三軍恐懼，即陷之。此八者，車之勝地也。

【章　旨】此章釋車戰之八「勝地」——八種能夠導致勝利的戰機。

【注　釋】❶薄　迫；逼迫。

【語　譯】武王接著問：「那麼戰車的八種獲勝的戰機又是什麼呢？」

太公說：「敵人的前後行列陣勢還沒有排好，就要去攻擊它；敵人旌旗不整，人馬屢次騷動，就要去攻擊它；敵軍士卒有的往前有的往後，有的往左有的往右，就要去攻擊它；敵人陣勢不堅固，士卒前後相望，就要去攻擊它；敵軍前面的人往前而疑惑，後面的人恐慌而膽怯，就要去攻擊它；敵人三軍猝然受驚，被迫應戰，就要去攻擊它；和敵人在平地交戰，到黃昏還不能解決，就要去攻擊它；敵人長途行軍，到日暮時分才宿營，因而三軍恐懼，這時就要去攻擊它。這八種情形，就是戰車的勝機了。

「將明於十害、八勝，敵雖圍周❶，千乘萬騎，前驅旁馳，萬戰必勝。」

武王曰：「善哉！」

【章旨】此章指出將領進行車戰，必須明瞭「十害」、「八勝」。

【注釋】❶圍周　意即四面包圍。

【語譯】「將領明白了十種絕境、八種勝機的道理，敵人即使四面包圍，用千乘萬騎，或在前為先鋒，或從旁作衝擊，哪怕進行一萬次戰鬥，我也一定會獲勝。」

武王說：「說得好啊！」

戰騎第五十九

【題解】《直解》：「戰騎者，以騎與敵戰而欲取勝也。」和戰車一樣，騎兵作戰要取得勝利，就必須發揮其機動性和衝擊力之長而避其所短，而這其中同樣必須考慮到兩個重要因素：地形條件是否有利和作戰時機是否合適。本篇所論騎兵作戰之「十勝」、「九敗」，主要也就是基於以上考慮，針對戰場上各種複雜的情況，而提出的正反兩個方面的借鑑。

武王問太公曰：「戰騎奈何？」

太公曰：「騎有十勝❶、九敗。」

武王曰：「十勝奈何？」

太公曰：「敵人始至，行陳未定，前後不屬，陷其前騎，擊其左右，敵人必走；敵人行陳整齊堅固，士卒欲鬥，吾騎翼❷而勿去，或馳而往，或馳而來，其疾如風，其暴如雷，白晝而❸昏，數更旌旗，變易衣服，其軍可克；敵人行陳不固，士卒不鬥，薄其前後，獵❹其左右，翼而擊之，敵人必懼；敵人暮欲歸舍，三軍恐駭，翼其兩旁，疾擊其後，薄其壘口，無使得入，敵人必敗；敵人無險阻保固，深入長驅，絕其糧路，敵人必饑；地平而易，四面見敵，車騎陷之，敵人必亂；敵人奔走，士卒散亂，或翼其兩旁，或掩❺其前後，其將可擒；敵人暮返，其兵甚眾，其行陳必亂，令我騎十而為隊，百而為屯，車五而為聚，十而為群；多設旌旗，雜以強弩，或擊其兩旁，或絕其前後，敵將可虜。此騎之十勝也。」

【章旨】此章釋「十勝」——實際是八種有利於騎兵部隊獲勝的戰機及其用兵之法。

【注釋】❶十勝　以下原文中只論及八勝。《直解》：「按十勝而止有八，恐脫簡耳。」❷翼　指在敵陣兩側夾逼。❸而　如。❹獵　此意為襲擊。❺掩　乘其不備而襲取之。

【語譯】武王問太公道：「怎樣用騎兵同敵人作戰？」

太公說：「騎兵作戰有十種可以致勝的情形和九種會導致敗亡的情形。」

武王又問：「十種可以致勝的情形是怎樣的？」

太公說：「敵人剛到，行列陣勢尚未排好，隊伍前後不相連接，這時擊潰敵人前頭的騎兵部隊，攻擊它的左右兩側，敵人就一定會逃跑；敵人的行列陣勢整齊堅固，士卒急欲同我作戰，這時我騎兵應兩邊夾逼住敵人不放，有的奔馳而去，有的奔馳而來，行動迅疾如風，猛烈如雷，塵土飛揚，使得白晝如同黃昏，還要不斷更換旗幟，變化服裝，這樣就可以戰勝敵軍；敵人行列陣勢不堅固，士卒不願戰鬥，這時進逼敵人的前後，襲擊它的左右，夾逼而攻擊之，敵人一定陷於恐懼；敵人在日暮時分想要回歸營壘，其部隊已經驚恐害怕，這時逼住敵軍的兩側，迅疾攻擊它的後部，並且逼近敵人的營門，不讓敵人進入，這樣敵人就一定會潰敗；敵人沒有險可以固守，這時我騎兵長驅深入，斷絕敵人的糧道，敵人一定會陷於饑餓；敵人處在地勢平坦、四面暴露的地形上，我用戰車和騎兵衝擊它，敵人一定亂作一團；敵人奔跑，士卒散亂，這時或夾擊敵人的兩側，或突襲它的前後，敵將就可被擒獲；敵人在日暮時分返回，人數眾多，隊形陣勢一定混亂，這時命令我騎兵十騎為一隊，百騎為一屯，戰車五輛為一聚，十輛為一群，多多地設置旗幟，用強弩作配合，或衝擊敵軍的兩側，或阻斷敵人的前後，敵將就可以俘虜。這就是騎兵克敵制勝的十種情形。」

武王曰：「九敗奈何？」

太公曰：「凡以騎陷敵而不能破陳，敵人佯走，以車騎返擊我後，此騎之敗地也；追北踰險，長驅不止，敵人伏我兩旁，又絕我後，此騎之圍地也；往而無以返，入而無以出，是謂陷於天井❶，頓❷於地穴❸，此騎之死地也；所從入者隘，所從出者遠，彼弱可以擊我強，彼寡可以擊我眾，此騎之沒地❹也；大澗深谷，翳薉❺林木，此騎之竭地❻也；左右有水，前有大阜❼，後有高山，三軍戰於兩水之間，敵居表裡❽，此騎之艱地也；敵人絕我糧道，往而無以返，此騎之困地也；汙下沮澤❾，進退漸洳❿，此騎之患地⓫也；左有深溝，右有坑阜，高下如平地，進退誘敵，此騎之陷地也。此九者，騎之死地也，明將之所以遠避，闇將之所以陷敗也。」

【章　旨】此章釋「九敗」——九種會導致騎兵敗亡的地形與情勢。

【注　釋】❶天井　四周為山，中間低窪之地。❷頓　本為停留、止歇之義，此指陷入、禁閉。❸地穴　中間下陷的地形。❹沒地　覆滅的險地。❺翳薉　形容草木茂盛。❻竭地　行進困難，使人馬耗盡氣力的地形。❼阜　土山；丘陵。❽敵居表裡　表裡即指內外。聯繫上文，此意為敵人既在兩水之間和我作戰，同時又占據了河的對岸。❾汙下沮澤　汙，也作「污」。不流動的水。汙下，即低窪。沮澤，水草叢生的沼澤地帶。❿漸洳　浸濕。⓫患地　災難性的地形。

【語　譯】武王又問道：「九種會導致騎兵敗亡的情形又怎樣？」

太公說：「凡是用騎兵向敵人進攻，但不能攻破敵陣，敵人假裝逃走，而用戰車、騎兵返身到我後面向我進攻，這是騎兵的失敗之地；追擊敗逃之敵，越過險阻，長驅深入而不停止，這時敵人埋伏在我路經之地的兩旁，又斷絕我的後路，這是騎兵的被圍之地；去了無法返回，進入了不能出來，這叫做陷入了『天井』，闖進了『地穴』，這是騎兵的滅亡之地；進去的路狹窄，出來的路遙遠，以致敵人可以以弱擊強，以寡擊眾，這是騎兵的傾覆之地；大澗深谷，林木茂盛，這是騎兵的力竭之地；左右兩邊都有河流，前面是大丘陵，後面有高山，三軍和敵人在兩條河流之間作戰，但敵人還占據了河的對岸，這是騎兵的艱難之地；敵人斷絕了我的糧道，我只有前進之路，而沒有還返之道，這是騎兵的困厄之地；低凹積水和水草叢生的沼澤地帶，進退都是低濕泥濘，這是騎兵的憂患之地；左面有深溝，右面有坑丘，高高低低看起來卻如同平地，這時無論進退都會招來敵人進攻，這是騎兵的陷阱之地。這九種情形，都是騎兵的死地，所以聰明的將領會遠遠地避開它們，而昏庸的將領則陷入敗境。」

戰步第六十

【題解】《直解》：「戰步者，以步兵與車騎戰而欲取勝也。」本篇分兩層對此作了論述。第一層指出，在一般情況下，應當利用丘陵險阻，因為這正是戰車、騎兵作戰之大忌；此外要合理配備使用各類長短兵器。第二層進一步指出，在無丘陵險阻可資利用的情況下，就要利用坑壕、行馬、蒺藜等阻礙敵人戰車、騎兵的行動，還可以用行馬和車輛築起活動堡壘保護自己。總之，通觀全篇，強調了要充分利用各種條件，揚己之長，攻彼之短。

武王問太公曰：「步兵車騎戰奈何？」

太公曰：「步兵與車騎戰者，必依丘陵險阻，長兵強弩居前，短兵弱弩居後，更發更止。敵之車騎，雖眾而至，堅陣疾戰，材士強弩，以備我後。」

【章旨】此章論述步兵與戰車、騎兵作戰時的一般要領。

【語譯】武王問太公道：「步兵應怎樣與戰車和騎兵作戰？」

太公回答說：「步兵與戰車、騎兵作戰時，一定要依託丘陵險阻，把長兵器和強弩配置在前面，把短兵器和弱弩配置在後面，更迭而發，更迭而止。敵人的戰車、騎兵，即便是大量湧來，我也要堅守陣形，迅猛作戰，並用勇士、強弩，戒備好我的後方。」

武王曰：「吾無丘陵，又無險阻，敵人之至，既眾且武，車騎翼我兩旁，獵我前後，吾三軍恐怖，亂敗而走，為之奈何？」

太公曰：「令我士卒為❶行馬、木蒺藜，置牛馬隊伍，為四武衝陣。望敵車騎將來，均置蒺藜，掘地匝❷後，廣深五尺，名曰『命籠』❸。人操行馬進（步）〔退〕；闌❹車以為壘，推而前後，立而為屯❺；材士強弩，備我左右，然後令我三軍，皆疾戰而不解❻。」

武王曰：「善哉！」

【章旨】此章論述步兵在沒有丘陵險阻可恃時對付戰車、騎兵的方法。

【注釋】❶為　準備。❷匝　同「帀」。環繞一周。❸命籠　《彙解》曰：「言為三軍之命運所繫也。」❹闌　阻隔。❺屯　此義為營寨。❻解　通「懈」。

【語　譯】武王又問道：「如果我沒有丘陵可利用，又沒有險阻可依託，敵人到來，人數眾多，兵力強大，戰車、騎兵夾擊我兩旁，又襲擊我前後，致使我三軍恐懼，敗亂而逃，對此又該怎麼辦呢？」

太公說：「可以命令我士卒準備行馬、木蒺藜，把牛馬編成隊伍，再布好四武衝陣。遠遠望見敵人的戰車、騎兵將要過來時，就均勻地布好蒺藜，並在後面掘出環形地溝，寬和深各五尺，這稱之為『命籠』。要讓步兵抬著行馬進退；攔起車輛作為堡壘，推著它向前或後退，而停下來則可組成營寨；還要用勇士、強弩戒備部隊的左右兩側，然後號令三軍，都要迅猛作戰，不得懈怠。」

武王說：「說得好啊！」

附錄

《六韜》佚文

清 孫同元輯

器滿則傾，志滿則覆。

見《禮記・曲禮上》正義

軍處山之高者，則曰棲。

見《史記・越世家》索隱

武王伐紂，雪深丈餘，五車二馬，行無轍跡，詣營求謁，武王怪而問焉。太公對曰：「此必五方之神來受事耳。」遂以其名召入，各以其職命焉。既而克殷，風調雨順。

見《舊唐書・禮儀志》

聖人恭天，靜地，和人，敬鬼。

見《意林》

文王問於太公曰：「賢君治國何如？」

對曰：「賢君之治國，其政平，吏不苛，其賦斂節，其自奉薄，不以私善害公法，賞賜不加於無功，刑罰不施於無罪，不因喜以賞，不因怒以誅，害民者有罪，進賢者有賞，後宮不荒，女謁不聽，上無淫慝，下無陰害，不供宮室以費財，不多遊觀臺池以罷民，不雕文刻鏤以逞耳目，官無腐蠹之藏，國無流餓之民也。」

文王曰：「善哉！」

見《群書治要》引〈文韜〉

文王問太公曰：「願聞治國之所貴。」

太公曰：「貴法令之必行。必行則治道通，通則民太利，太利則君德彰矣。君不法天地，而隨世俗之所善以為法，故令出必亂。亂則復更為法，是以法令數變則羣邪成俗；而君沈於世，是以國不免危亡矣。」

見《群書治要》引〈文韜〉

文王問太公曰：「人主動作舉事，善惡有福殃之應。免神之福無？」

太公曰：「有之。主動作舉事，惡則天應之以刑，善則地應之以德，逆則人備之以力，順則神授之以職。故人主好重賦斂，大宮室，多遊臺，則民多病溫，霜露殺五穀，絲麻不成；人主好田獵罼弋，不避時禁，則歲多大風，禾穀不實；人主好破壞名山，壅塞大川，決通名水，則歲多大水傷民，五穀不滋；人主好武事，兵革不息，則日月薄蝕，太白失行。故人主動作舉事，善則天應之以德，惡則人備之以力。神奪之以職，如響之應聲，如影之隨形。」

文王曰：「善哉！」見《群書治要》引〈文韜〉

武王問太公曰：「桀紂之時，獨無忠臣良士乎？」

太公曰：「忠臣良士天地之所生，何為無有？」

武王曰：「為人臣而令其主殘虐，為後世笑，可謂忠臣良士乎？」

太公曰：「是諫者不必聽，賢者不必用。」

武王曰：「諫不聽是不忠，賢而不用是不賢也。」

太公曰：「不然。諫有六不聽，強諫有四必亡，賢者有七不用。」

武王曰：「願聞六不聽、四必亡、七不用。」

太公曰：「主好作宮室臺池，諫者不聽；主好忿怒，妄誅殺人，諫者不聽；主好所愛，無功德而富貴者，諫者不聽；主好財利，巧奪萬民，諫者不聽；主好珠玉、奇怪異物，諫者不聽。是謂六不聽。四必亡：一曰強諫不可止，必亡；二曰強諫知而不肯用，必亡；三曰以寡正強、正眾邪，必亡；四曰以寡直強、正眾曲，必亡。七不用：一曰主弱親強，賢者不用；二曰主不明，正者少，邪者眾，賢者不用；三曰賊臣在外，姦臣在內，賢者不用；四曰法政阿宗族，賢者不用；五曰以欺為忠，賢者不用；六曰忠諫者死，賢者不用；七曰貨財上流，賢者不用。」

見《群書治要》引〈文韜〉

文王在岐周，召太公曰：「爭權於天下者，何先？」

太公曰：「先人。人與地稱，則萬物備矣。今君之位尊矣，待天下之賢士勿臣而友之，則君以得天下矣。」

文王曰：「吾地小而民寡，將何以得之？」

太公曰：「可！天下有地，賢者得之；天下有粟，賢者食之；天下有民，賢者收之。天下者非一人之天下也，莫常有之，唯賢者取之。夫以賢而為人下，何人不與？以貴從人曲直，何人不得？屈一人之下則申萬人之上者，唯聖人而後能為之。」

文王曰：「善！請著之金版。」於是文王所就而見者六人，所求而見者七十人，所呼而友者千人。

見《群書治要》引〈武韜〉

武王曰：「士高下豈有差乎？」

太公曰：「有九差。」

武王曰：「願聞之。」

太公曰：「人才參差，大小猶斗，不以盛石，滿則棄矣。非其人而使之，安得不殆？多言多語，惡口惡舌，終日言惡，寢臥不絕，為眾所憎，為人所疾，此可使要問閭里，察姦伺猾，權數好事；夜臥早起，雖遽不悔，此妻子將也；先語察事實，長〔寶〕希言，賦物平均，此十人之將也；切切截截，不用諫言，數行刑戮，不避親戚，此百人之將也；訟辨好勝，疾賊侵陵，斥人以刑，欲正一眾，此千人之將也；外貌咋咋，言語切切，知人饑飽，習人劇易，此萬人之將也；戰戰慄慄，日慎一日，近賢進謀，使人以節，言語不慢，忠心誠必，此十萬之將也；溫良實長，用心無兩，見賢進之，行法不枉，此百萬之將也；動動紛紛，鄰國皆聞，出入居處，百姓所親，誠信緩大，明於領世，能教成事，又能救敗，上知天文，下知地理，四海之內，皆如妻子，此英雄之率，乃天下之主也。」

見《群書治要》引〈龍韜〉

夫殺一人而三軍不聞，殺一人而萬民不知，殺一人而千萬人不恐，雖多殺之，其將不重；封一人而三軍不悅，爵一人而萬人不勸，賞一人而萬人不欣，是為賞無功、貴無能也。若此則三軍不為使，是失眾之紀也。

見《群書治要》引〈龍韜〉

武王問太公曰：「凡用兵之極，天道、地利、人事三者孰先？」

太公曰：「天道難見，地利、人事易得。天道在上，地道在下，人事以飢飽、勞逸、文武也。故順天道不必有吉，違之不必有害；失地之利則士卒迷惑，人事不和則不可以戰矣。故戰不必任天道，飢飽、勞逸、文武最急，地利為實。」

王曰：「天道鬼神，順之者存，逆之者亡，何以獨不貴天道？」

太公曰：「此聖人之所生也。欲以止後世，故作為譎書而寄勝於天道。無益於兵勝，而眾將所拘者九。」

王曰：「敢問九者奈何？」

太公曰：「法令不行，而任侵誅；無德厚，而用日月之數；不順敵之強弱，幸於天道；無智慮，而候氛氣；少勇力，而望天福；不知地形，而歸過敵人；怯弗敢擊，而待龜筮；士卒不募，而法鬼神；設伏不巧，而任背向之道。凡天道鬼神，視之不見，聽之不聞，索之不得，不可以治勝敗，不能制死生，故明將不法也。」

見《群書治要》引〈龍韜〉

太公曰：「天下有粟，聖人食之；天下有民，聖人收之；天下有物，聖人裁之。利天下者取天下，安天下者有天下，愛天下者久天下，仁天下者化天下。」

見《群書治要》引〈龍韜〉

武王勝殷，召太公問曰：「今殷民不安其處，奈何使天下安乎？」

太公曰：「夫民之所利，譬之如冬日之陽、夏日之陰。冬日之從陽，夏日之從陰，不召自來。故生民之道，先定其所利而民自至。民有三幾，不可數動，動之有凶。明賞則不足，不足則民怨生；明罰則民懾畏，民懾畏則變故出；明察則民擾，民擾則不安其處，易以成變。故明王之民，不知所好，不知所惡，不知所從，不知所去；使民各安其所生，而天下靜矣。樂哉！聖人與天下之人皆安樂也！」

武王曰：「為之奈何？」

太公曰：「聖人守無窮之府，用無窮之財，而天下仰之；天下仰之，而天下治矣。神農之禁：春夏之所生，不傷不害。謹脩地利以成萬物，無奪民之所利，而農順其時矣。任賢使能而官有材，而賢者歸之矣。故賞在於成民之生，罰在於使人無罪，是以賞罰施民而天下化矣。」

見《群書治要》引〈虎韜〉

武王至殷，將戰，紂之卒握炭流湯者十八人，以牛為禮以朝者三千人，舉百石重沙者二十四人，趍行五百里而矯矛殺百步之外者五千人，介士億有八萬。武王懼曰：「夫天下以紂為大，以周為細；以紂為眾，以周為寡；以周為弱，以紂為強；以周為危，以紂為安；以周為諸侯，以紂為天子。今日之事，以諸侯擊天子，以細擊大，以少擊多，以弱擊強，以危擊安——以此五短擊此五長，其可以濟功成事乎？」

太公曰：「審天子不可擊，審大不可擊，審眾不可擊，審強不可擊，審安不可擊。」

王大恐以懼。

太公曰：「王無恐且懼！所謂大者，盡得天下之民；所謂眾者，盡得天下之眾；所謂強者，盡用天下之力；所謂安者，能得天下之所欲；所謂天子者，天下相愛如父子——此之謂天子。今日之事，為天下除殘去賊也；周雖細，曾殘賊一人之不當乎？」

王大喜，曰：「何謂殘賊？」

太公曰：「所謂殘者，收天下珠玉美女、金錢綵帛、狗馬穀粟，藏之不休，此謂殘也；所謂賊者，收暴虐之吏，殺天下之民，無貴無賤，非以法度，此謂賊也。」

見《群書治要》引〈犬韜〉

武王問太公曰：「欲與兵深謀，進必斬敵，退必克全，其略云何？」

太公曰：「主以禮使將，將以忠受命。國有難，君召將而詔曰：『見其虛則進，見其實則避。勿以三軍為貴而輕敵，勿以授命為重而苟進。勿以貴而賤人，勿以獨見而違眾，勿以辯士為必然。勿以謀簡於人，勿以謀後於人。士未坐勿坐，士未食勿食，寒暑必同，敵可勝也。』」

見《群書治要》引〈犬韜〉

文王問散宜生：「卜伐殷，吉乎？」

曰：「不吉。鑽龜，龜不兆；數蓍，蓍不交而如折；將行之日，雨；

輜（重）車至軫，行之日，幟折為三。」散宜生曰：「此凶，四不祥，不可舉事。」太公進曰：「是非子之所知也。祖行之日雨，輜（重）車至軫，是洗濯甲兵也。」

見《藝文類聚．二》

武王入殷，散鹿臺之金錢以與殷民。

見《藝文類聚．六十八》

武王伐殷，先出於河。呂尚為後將，以四十七艘船濟於河。

見《藝文類聚．七十一》

商王拘西伯昌於羑里，太公謂散宜生：「求珍物以免君之罪。」九江得大貝百馮。注云：《詩》作「百朋」。

見《藝文類聚・八十四》

夏殷桀紂之時，婦人錦繡文綺之坐席、衣以綾紈常三百人。

見《藝文類聚・八十五》

冬冰可折，夏條可結。

見《藝文類聚・八十八》

武王登夏臺以臨殷民，周公旦曰：「臣聞之：愛其人者，愛其屋上烏；憎其人者，憎其餘胥。」

見《藝文類聚・九十二》

商王拘周伯昌於羑里，太公與散宜生以金千鎰，求天下珍物以免君之罪。於是得犬戎氏文馬，毫毛朱鬣，目如黃金，名雞斯之乘，以獻商王。

見《藝文類聚・九十三》

文王囚羑里，散宜生得黃熊而獻之於紂。

見《藝文類聚・九十五》

殺一夫而利天下。

見《北堂書鈔・十三》

世子為政。

見《北堂書鈔・二十一》

二十七大夫者，為筋脈之臣。

見《北堂書鈔・五十六》

昔煩厚氏用兵無已，誅戰不休，至於涿鹿之野，諸侯叛之，煩厚氏之亡也。

見《北堂書鈔・一一三》

太公曰：「夫紂無道，流毒諸侯，欺侮羣臣，失百姓之心。秉明德以誅之，誰曰弗克！」

見《北堂書鈔・一一四》

夫聖人者，與天下之人皆安樂。

見《初學記・十七》

太公對文王曰：「禮者，天理之粉澤。」

見《初學記・二一》

周初，太公曰：「教戰之法，必明告吏士，申三伍之令，教其操兵、起居進止、旌旗指麾，陳而方之，坐而起之，行而止之，左而右之，列而合之，絕而解之。無犯進止之節，無失飲食之宜，無絕人馬之力。令吏士一人學戰，教成十人；十人學戰，教成百人；百人學戰，教成千人；千人學戰，教成萬人；萬人學戰，教成三軍之眾。大戰之法，百萬之師，故能成大功也。」

見《通典・一四九》

又覆軍誡法曰：「諸軍出行，將令百官士卒曰：『某日出某門，吏士不得刈稼穡，伐樹木，殺六畜，掠取財物，姦犯人婦女，違令者斬。』」

見《通典・一四九》

又曰：「凡行軍，吏士有死亡者，給其喪具，使歸而葬，此堅軍全國之道也。軍人被瘡，即給醫藥，使謹視之；醫不即治視，鞭之。軍夜驚，吏士堅坐陳，將持兵，無讙譁動搖。有起離陳者，斬軍門。當交戰，謹出入者；若近敵，當譏呵出入者。」

見《通典・一四九》

周初，武王問太公曰：「敵人先至，已據便地，形勢又強，則如之何？」

對曰：「當示怯弱，設伏佯走，自投死地，敵見之，必疾速而赴。擾亂失次，必離故所，入我伏兵齊起，急擊前後，衝其兩旁。」

見《通典・一五三》

周武王將伐紂，問太公曰：「今引兵深入其地，與敵行陣相守，被敵絕我糧道，又越我前後，吾欲與戰則不敢，以守則不固，而為之奈何？」

太公曰：「夫入敵地，必案地形勢勝便處之，必依山陵、險阻、水草為固，謹守關梁隘塞。敵若卒去不遠，未定而復反，彼用其士卒若太疾則後不至，後不至則行亂而未及陣，急擊之，以少剋眾。」

見《通典・一五七》

太公曰：「夫出軍征戰，安營陣，以六為法，亦可方六百步，亦可六十步。量人地之（宜）〔置〕表十二辰，將軍自居九天之上，竟一旬，復徙開牙門，常背建而破太歲太陰太陽大將軍。凡三軍不欲飲死水，不欲居死地，不居地柱，不居地獄。」

注云：死水者不流之水，死地者丘墓之間，地柱者四下中高，地獄者四高中下是也。

見《通典・一五七》

太公曰：「以步與車馬戰者，必依丘墓險阻，強弩長兵處前，短兵弱弩居後，更發更止，敵人軍馬雖眾而至，堅陣疾鬥，材士強弩以備前後。」

武王曰：「我無丘陵，又無險阻，敵人之至既眾，以車騎翼我兩旁，獵我前後，吾三軍恐怖，亂敗而走，為之奈何？」

太公曰：「令我士卒十行布鐵蒺藜。遙見敵車騎將來，均置蒺藜，掘地迎廣以深五尺，名曰『命籠』。人持行馬進退，闌車以為壘，推而前後，直而為屯，以強弩備我左右。然則命我三軍皆疾戰，而必勝也。」

見《通典·一五七》

周書《陰符》太公曰：「步貴知變動，車貴知地形，騎貴知別徑奇道，故三軍同名異用。可往而無以還者，車之死地；越險絕阻，乘敵遠行者，車之竭地；前易後險，車之困地；容車貫阻，出而無返者，車之患地；左險右易，上陵仰坂，車之逆地；深塹黏土，車之勞地；隱帶橫畝，犯歷深澤者，車之壞地；日夜霖雨，旬月不止，泥淖難前，車之陷地。凡騎以陷敵而不能破敵，敵人走，以步騎反擊我後，此騎之敗地也；追背踰限，長驅不止，敵伏我兩旁，又絕我後，此騎之困地也；往無以返，入無以出，陷於天井，填於地牢，此騎之死地也；所由入者隘，所由去者遠，彼弱可以擊我強，少可以擊我眾，此騎之沒地也；大澗深谷，蓊穢林草，此騎之竭地。左右有水，前有大阜，後有高山，戰於兩水之間；乘敵過邑，是謂表裡相合；左有深溝，右有峭坑，高下與地平，覩之廣易，進退相敵：此並騎之陷地。汙下沮澤，進退漸洳者，騎之患地。拙將之所以見擒，明將之所以務避也。」

見《通典・一五九》

昔武王將伐紂，問太公曰：「若今敵人圍我，斷後絕糧，吾欲徐以為陳，以敗為勝，奈何？」

太公曰：「不可。此天下之困兵也，暴用之則勝，徐用之則敗。為四衝陳，以驍騎驚其君親。左軍疾，右軍迭，前迭後往。敵之空，吾軍疾擊，鼓呼而當。」

見《通典．一五九》

又問曰：「敵疏其陳，又遠其後，挑我流矢，以弱我弓弩，勞我士卒，為之奈何？」

太公曰：「發我銳士，先擊其前，車騎獵其左右，引而分隊以隨其後，三軍疾戰。凡以少擊眾，避之於易，要之於險；避之於晝，取之於夜。故曰：以一擊十，莫善於阨；以十擊百，莫善於險；以千擊萬，莫善於阻。用眾者務易，用少者務阨也。」

見《通典．一五九》

周武王伐紂，師至氾水、牛頭山，風甚雷疾，鼓旗毀折，王之驂乘惶震而死。太公曰：「用兵者，順天之道未必吉，逆之不必凶，若失人事，則三軍敗亡。且天道鬼神，視之不見，聽之不聞，智將不怯，而愚將拘之。吾乃好賢而能用，舉事而得時，則不看時日而事利，不假卜筮而事吉，不禱祀而福從。」遂命驅之前進。

周公曰：「今時迎太歲，龜灼吉凶，卜筮不吉，星變為災，請還師。」太公怒曰：「今紂刳比干，囚箕子，以飛廉為政，伐之有何不可？枯草朽骨，安可知乎！」乃焚龜折蓍，援枹而鼓，率眾先涉河。武王從之，遂滅紂。

見《通典・一六二》

紂作瓊室鹿臺，飾以美玉。

見《文選・二・西京賦》注

太公曰：「桀紂王天下之時，積糟為阜，以酒為池，脯肉為山林。」

見《文選·一〇·西征賦》注

為將者受命忘家，當敵忘身。

見《文選·一〇·西征賦》注

堯與有苗戰於丹水之浦。

見《文選·二〇·應詔樂遊苑餞呂僧珍詩》注

太公謂武王曰：「夫人皆有性，趨舍不同，喜怒不等。」

見《文選·二五·盧子諒贈劉琨詩》注

賞如高山，罰如深溪。

見《文選·二七·王仲宣從軍詩》注

武王伐紂，得二大夫而問之曰：「殷國將有妖乎？」對曰：「有，殷君陳玉杯象箸。玉杯象箸不盛菽藿之羹，必將熊蹯豹胎。」

見《文選・三四・七發》注

太公謂武王曰：「聖人興兵，為天下除患去賊，非利之也。故役不再籍，一舉而得。」

見《文選・四三・孫子荊為石仲容與孫皓書》注

先塗民耳目。

見《文選・四八・劇秦美新》注

利害相臻，猶循環之無端。

見《文選・四九・晉紀總論》注

紂患刑輕，乃更為銅柱，以膏塗之，加於然炭之上，使有罪者緣焉，滑跌墮火中，紂與妲己笑以為樂，名曰「炮烙之刑」。

見《文選・五六・石闕銘》注

武王伐紂，紂蒙寶衣投火而死。

見《太平御覽・八八九》

天之為天遠矣，地之為地久矣，萬物在其間各自利，何世莫之有乎？乃若溟涬鴻濛之時，故莫之能有。七十六聖發，其趣使世俗皆能順其有，所繫天下，豈一日哉！

見《太平御覽・一》

武王伐紂，雨甚雷疾，武王之乘雷震而死，周公曰：「天不祐周矣！」太公曰：「君秉德而受之，不可如何也。」

見《太平御覽・一二三》

昔柏皇氏、栗陸氏、驪連氏、軒轅氏、赫胥氏、尊盧氏、祝融氏，此古之王者也。未使民，民化，未賞民，民勸，此皆古之善為政者也。至於伏羲氏、神農氏教化而不誅，黃帝、堯、舜誅而不怒，古之不變者。有苗有之，堯化而取之；堯德衰，舜化而受之；舜德衰，禹化而取之。

見《太平御覽・七六》

桀時有瞿山之地，桀鑿山陵通之於河，民有諫，故曰：「冬鑿地穿山，是發天之陰，泄山之氣，天子後必敗。」桀以妖言殺之。

見《太平御覽・八二》

友之友，謂之朋；朋之朋，謂之黨；黨之黨，謂之羣。

見《太平御覽・一五七》

大人之兵，如狼如虎，如雨如風，如雷如電。天下盡驚，然後乃成。

見《太平御覽・二七一》

兵入殷郊，見太公，曰：「是吾新君也。」而商容曰：「非也。其人虎據而鷹峙，威怒自副，見利欲發，進不顧前。」後見武王，曰：「是新君也，見敵不怒。」

見《太平御覽・二七六》

武王問曰：「引兵入諸侯之地，高山盤石，其避無草木，四面受敵，士卒感迷，為之奈何？」

太公曰：「當為雲象之陣。」

見《太平御覽・三〇一》

武王平殷還，問太公曰：「今民吏未安，賢者未定，何以安之？」

太公曰：「無如天如地。」

見《太平御覽・三二七》

從孤擊虛，高人無餘，一女子當百夫。風鳴氣者，賊存在十里，鳴條百里，搖枝四百里。雨霑衣裳者，謂潤兵；不霑者，謂泣兵。金器自鳴及焦氣者，軍疲也。

見《太平御覽・三二八》

武王伐紂，諸侯已至，未知士民何如。太公曰：「天道無親，今海內陸沈於殷久矣。百姓可與樂成，難與慮始。」

伯夷、叔齊曰：「殺一人而有天下，聖人不為。」

太公曰：「師渡孟津，六馬仰流，赤烏、白魚外入，此豈非天命也？師到坶野，天暴風電，前後不相見，車益發越，轅衡摧折，旌旄三折。

旗幟飛揚者，精銳盛天也。雨以洗吾兵，雷電應天也。」

見《太平御覽・三二九》

紂為無道，武王於是東伐紂，至於河上，雨甚雷疾，(正)〔震〕之，乘橫振而死，旗旌折，揚侯波。周公進曰：「天不祐周矣！意者君德行未盡，而百姓疾惡，故天降吾禍。」於是太公援罪人而戮之於河，三鼓之，率眾而先，以造於殷，天下從。甲子之日，至於牧野，舉師而討之。紂城備設而不守，親擒紂，懸其首於白旗。

見《太平御覽・三二九》

春以長矛在前，夏以大戟在前，秋以弓弩在前，冬以刀楯在前，此四時應天之法也。

見《太平御覽・三三五》及《太平御覽・三三九》

武王寢疾十日，太公負王，乃駕鶩冥之車，周且為御，至於孟津。大黃參連弩，大才扶胥車，飛鳧、電影，方頭鐵槌，大柯斧，行馬，渡溝飛橋，天船，鷹爪方凶鐵杷，天陣、地陣、人陣；積楹臨衝，雲梯、飛樓，武衝大櫓。雲火萬炬，吹鳴笳。

見《太平御覽．三三六》

車騎之將，軍馬不具，鞍勒不備者誅。

見《太平御覽．三五八》

紂囚文王於羑里，散宜生受命而行宛懷、條塗之山，有玉女三人，宜生得之，因費仲而獻之於紂，以免文王。

見《太平御覽．三八一》

文王祖父壽百二十而沒，王季百年而沒，文王壽九十七而沒。

見《太平御覽・三八三》

文王聞殺崇侯虎，歸至酆，令具湯沐。

見《太平御覽・三九五》

以死取人謂之勇。

見《太平御覽・四三七》

文王拘羑里，求天下珍怪而獻之。紂大喜，殺牛而賜之。

見《太平御覽・四六七》

文王問：「守土奈何？」

對曰：「人君必從事於富，弗富不足為，人弗與以合親。疏其親則因失其眾，則散矣。」

見《太平御覽・四七二》

武王伐殷，乘舟濟河，兵車出，壞船於河中。太公曰：「太子為父報仇，今死無生，所過津梁皆悉燒之。」

見《太平御覽・四八二》

武王問太公曰：「貧富豈有命乎？」

太公曰：「為之不密。密而不富者，盜在其室。」

武王曰：「何謂盜也？」

太公曰：「計之不熟，一盜也；收種不時，二盜也；取婦無能，三盜也；養女太多，四盜也；棄事就酒，五盜也；衣服過度，六盜也；封藏不謹，七盜也；井竈不利，八盜也；舉息就禮，九盜也；無事然鐙，十盜也。取之安得富哉？」

武王曰：「善！」

見《太平御覽・四八五》

天下攘攘，皆為利往；天下熙熙，皆為利來。

見《太平御覽・四九六》

文王既出羑里，召周公旦築為靈臺。

見《太平御覽・五三四》

文王問太公曰：「願聞為國之大失。」

太公曰：「為國之大失者，為上作事不法，君不覺悟，是大失也。」

文王曰：「願聞不法。」

太公曰：「不法則令不行，令不行則主威傷；不法則邪不正，邪不正則禍亂起；不法則刑妄行，刑妄行則賞無功；不法則國昏亂，國昏亂則臣為變。君不悟則兵革起，兵革起則失天下。」

文王曰：「誠哉！」

見《太平御覽・六三八》

文王聞太公曰：「願聞治國之所貴。」太公曰：「貴法令必行。法令必行則治道通，則民大利，民大利則君德彰矣。」

文王曰：「法令必行，大利人民奈何？」太公曰：「法令之必行則民利天下，是法令利之必行，大利人民也。」

見《太平御覽・六三八》

崇侯虎曰：「今周伯昌懷仁而善謀，冠雖弊，禮加於首，履雖新，法以踐地，可及其未成而圖之。」

見《太平御覽・六九七》

武王伐殷，丁侯不朝，太公乃畫丁侯於策，三箭射之，丁侯病困。卜者占云：「崇在周。」恐懼，乃請舉國為臣。太公使人甲乙日拔丁侯著頭箭，丙丁日拔著口箭，戊己日拔著腹箭，丁侯病稍愈。四夷聞，各以來貢。

見《太平御覽·七三七》

欲伐大國，行且有期，王寢疾，十日不行，太公負之而起之，曰：「行已有期，君不發，天子聞之，國亡身死，胡不勉之？」王允言，如（有）〔無〕病者。

見《太平御覽·七三九》

武王伐殷，得二大夫而問之曰：「殷國之將亡，亦有妖災？」其一人對曰：「有。殷國嘗有（兩）〔雨〕石，大者如罋，小者如箕；常六月而雪，深尺餘。」其一人對曰：「是非殷國之大妖也。殷國之大妖四十七章：殷君喜殺人；喜以人飴虎；喜割人心；喜殺孕婦；喜殺人之父，孤人之子；喜刑禍；喜以信為欺，欺者為忠，忠諫者不實；以君子為下，小人為上；以便佞為相，政苛令暴，萬民愁苦；好田獵畢弋，走狗飾為；喜修池臺，宮七十有三所，大宮百里；喜為酒池糟丘，而牛飲者三千人；喜聽讒用譽，無功者賞；無尺丈，無錙銖，無秤衡，無功賞，無罪誅。此殷國之大妖也。」

見《太平御覽・八七四》

武王問周公曰：「諸侯攻天子，勝之有道乎？」

公曰：「攻禮為賊，攻義為殘。失民為匹夫，王攻失民者也，何天子乎？」

宋戴埴《鼠璞》引

古籍今注新譯叢書

書種最齊全
注譯最精當

哲學類

新譯四書讀本　謝冰瑩等編譯
新譯學庸讀本　王澤應注譯
新譯孝經讀本　賴炎元等注譯
新譯論語新編解義　胡楚生編著
新譯易經讀本　郭建勳注譯
新譯周易六十四卦經傳通釋　黃慶萱注譯
新譯乾坤經傳通釋　黃慶萱注譯
新譯易經繫辭傳解義　吳　怡著
新譯禮記讀本　姜義華注譯
新譯儀禮讀本　顧寶田等注譯
新譯孔子家語　羊春秋注譯

新譯老子讀本　余培林注譯
新譯帛書老子　趙　鋒注譯
新譯老子解義　吳　怡著
新譯莊子讀本　黃錦鋐注譯
新譯莊子讀本　張松輝注譯
新譯莊子本義　水渭松注譯
新譯莊子內篇解義　吳　怡著
新譯列子讀本　莊萬壽注譯
新譯管子讀本　湯孝純注譯
新譯墨子讀本　李生龍注譯
新譯公孫龍子　丁成泉注譯
新譯晏子春秋　陶梅生注譯
新譯鄧析子　徐忠良注譯
新譯荀子讀本　王忠林注譯

新譯尹文子　徐忠良注譯
新譯尸子讀本　水渭松注譯
新譯鶡冠子　趙鵬團注譯
新譯鬼谷子　王德華等注譯
新譯韓非子　傅武光等注譯
新譯呂氏春秋　朱永嘉等注譯
新譯韓詩外傳　孫立堯注譯
新譯淮南子　熊禮匯注譯
新譯春秋繁露　朱永嘉等注譯
新譯新書讀本　饒東原注譯
新譯新語讀本　王　毅注譯
新譯潛夫論　彭丙成注譯
新譯論衡讀本　蔡鎮楚注譯
新譯申鑒讀本　林家驪等注譯

新譯人物志　吳家駒注譯
新譯張載文選　張金泉注譯
新譯近思錄　張京華注譯
新譯傳習錄　李生龍注譯
新譯呻吟語摘　鄧子勉注譯
新譯明夷待訪錄　李廣柏注譯

文學類

新譯詩經讀本　滕志賢注譯
新譯楚辭讀本　林家驪注譯
新譯楚辭讀本　傅錫壬注譯
新譯文心雕龍　羅立乾注譯
新譯六朝文絜　蔣遠橋注譯
新譯世說新語　劉正浩等注譯
新譯昭明文選　周啟成等注譯
新譯古文觀止　謝冰瑩等注譯
新譯古文辭類纂　黃　鈞等注譯
新譯樂府詩選　溫洪隆注譯
新譯古詩源　馮保善注譯
新譯千家詩　邱燮友等注譯
新譯詩品讀本　成　林等注譯
新譯花間集　朱恒夫注譯
新譯南唐詞　劉慶雲注譯
新譯絕妙好詞　聶安福注譯
新譯唐詩三百首　邱燮友注譯
新譯宋詩三百首　陶文鵬注譯
新譯宋詞三百首　汪　中注譯
新譯宋詞三百首　劉慶雲注譯
新譯元曲三百首　賴橋本等注譯
新譯明詩三百首　趙伯陶注譯
新譯清詩三百首　王英志注譯
新譯清詞三百首　陳水雲等注譯
新譯唐人絕句選　卞孝萱等注譯
新譯唐才子傳　戴揚本注譯
新譯拾遺記　石　磊注譯
新譯搜神記　黃　鈞注譯
新譯唐傳奇選　束　忱等注譯
新譯宋傳奇小說選　束　忱注譯
新譯明傳奇小說選　陳美林等注譯
新譯容齋隨筆選　朱永嘉等注譯
新譯明散文選　周明初注譯
新譯明清小品文選　鄭　婷注譯
新譯人間詞話　馬自毅注譯
新譯白香詞譜　劉慶雲注譯
新譯幽夢影　馮保善注譯
新譯菜根譚　吳家駒注譯
新譯小窗幽記　馬美信注譯
新譯圍爐夜話　馬美信注譯
新譯郁離子　吳家駒注譯
新譯歷代寓言選　黃瑞雲注譯
新譯賈長沙集　林家驪注譯
新譯揚子雲集　葉幼明注譯
新譯曹子建集　曹海東注譯
新譯建安七子詩文集　韓格平注譯
新譯阮籍詩文集　林家驪注譯
新譯嵇中散集　崔富章注譯
新譯陸機詩文集　王德華注譯
新譯陶淵明集　溫洪隆注譯
新譯江淹集　羅立乾等注譯
新譯庾信詩文選　歸　青注譯
新譯初唐四傑詩集　李福標注譯
新譯駱賓王文集　黃清泉注譯
新譯王維詩文集　陳鐵民注譯
新譯孟浩然詩集　楊　軍注譯
新譯李白詩全集　郁賢皓注譯
新譯李白文集　郁賢皓注譯
新譯杜甫詩選　張忠綱等注譯
新譯杜詩菁華　林繼中注譯
新譯高適岑參詩選　孫欽善等注譯

新譯昌黎先生文集　周啟成等注譯
新譯劉禹錫詩文選　閻琦注譯
新譯柳宗元文選　卞孝萱等注譯
新譯白居易詩文選　陶敏等注譯
新譯元稹詩文選　郭自虎注譯
新譯李賀詩集　彭國忠注譯
新譯杜牧詩文集　張松輝注譯
新譯李商隱詩選　朱恒夫等注譯
新譯范文正公選集　王興華等注譯
新譯蘇洵文選　羅立剛注譯
新譯蘇軾文選　滕志賢注譯
新譯蘇軾詞選　鄧子勉注譯
新譯蘇轍文選　朱剛注譯
新譯曾鞏文選　高克勤注譯
新譯王安石文選　沈松勤注譯
新譯唐宋八大家文選　鄧子勉注譯
新譯柳永詞集　侯孝瓊注譯
新譯李清照集　姜漢椿等注譯
新譯陸游詩文集　韓立平注譯
新譯辛棄疾詞選　聶安福注譯
新譯歸有光文選　鄔國平注譯
新譯唐順之詩文選　馬美信注譯
新譯徐渭詩文選　周群等注譯

新譯薑齋文集　平慧善注譯
新譯顧亭林文集　劉九洲注譯
新譯納蘭性德詞　馮乾注譯
新譯方苞文選　鄔國平等注譯
新譯鄭板橋集　朱崇才注譯
新譯袁枚詩文選　王英志注譯
新譯李慈銘詩文選　潘靜如注譯
新譯聊齋誌異選　任篤行等注譯
新譯閱微草堂筆記　嚴文儒注譯
新譯浮生六記　馬美信注譯
新譯弘一大師詩詞全編　徐正綸編著

歷史類

新譯史記　韓兆琦注譯
新譯漢書　吳榮曾等注譯
新譯後漢書　魏連科等注譯
新譯三國志　吳樹平等注譯
新譯資治通鑑　張大可等注譯
新譯史記—名篇精選　韓兆琦注譯
新譯尚書讀本　吳璵注譯
新譯尚書讀本　郭建勳注譯
新譯周禮讀本　賀友齡注譯
新譯逸周書　牛鴻恩注譯

新譯左傳讀本　郁賢皓等注譯
新譯公羊傳　雪克注譯
新譯穀梁傳　顧寶田注譯
新譯春秋穀梁傳　周何注譯
新譯戰國策　溫洪隆注譯
新譯國語讀本　易中天注譯
新譯說苑讀本　左松超注譯
新譯說苑讀本　羅少卿注譯
新譯新序讀本　葉幼明注譯
新譯吳越春秋　黃仁生注譯
新譯西京雜記　曹海東注譯
新譯列女傳　黃清泉注譯
新譯越絕書　劉建國注譯
新譯燕丹子　曹海東注譯
新譯東萊博議　李振興等注譯
新譯唐六典　朱永嘉等注譯
新譯唐摭言　姜漢椿注譯

宗教類

新譯金剛經　徐興無注譯
新譯高僧傳　朱恒夫等注譯
新譯碧巖集　吳平注譯
新譯百喻經　顧寶田注譯

新譯楞嚴經　賴永海等注譯
新譯梵網經　王建光注譯
新譯圓覺經　商海鋒注譯
新譯法句經　劉學軍注譯
新譯六祖壇經　李中華注譯
新譯禪林寶訓　李中華注譯
新譯維摩詰經　陳引馳等注譯
新譯經律異相　顏洽茂注譯
新譯阿彌陀經　蘇樹華注譯
新譯無量壽經　邱高興注譯
新譯無量壽經　蘇樹華注譯
新譯妙法蓮華經　張松輝注譯
新譯景德傳燈錄　顧宏義注譯
新譯大乘起信論　韓廷傑注譯
新譯釋禪波羅蜜　蘇樹華注譯
新譯八識規矩頌　倪梁康注譯
新譯永嘉大師證道歌　蔣九愚注譯
新譯華嚴經入法界品　楊維中注譯
新譯地藏菩薩本願經　李承貴注譯
新譯悟真篇　劉國樑等注譯
新譯无能子　張松輝注譯
新譯坐忘論　張松輝注譯
新譯列仙傳　張金嶺注譯

新譯抱朴子　李中華注譯
新譯神仙傳　周啟成注譯
新譯性命圭旨　傅鳳英注譯
新譯老子想爾注　顧寶田等注譯
新譯周易參同契　劉國樑注譯
新譯道門觀心經　王　卡注譯
新譯養性延命錄　曾召南注譯
新譯樂育堂語錄　戈國龍注譯
新譯冲虛至德真經　張松輝注譯
新譯長春真人西遊記　顧寶田等注譯
新譯黃庭經・陰符經　劉連朋等注譯

軍事類

新譯司馬法　王雲路注譯
新譯尉繚子　張金泉注譯
新譯三略讀本　傅　傑注譯
新譯六韜讀本　鄔錫非注譯
新譯吳子讀本　王雲路注譯
新譯孫子讀本　吳仁傑注譯
新譯李衛公問對　鄔錫非注譯

教育類

新譯爾雅讀本　陳建初等注譯
新譯顏氏家訓　李振興等注譯
新譯聰訓齋語　馮保善注譯
新譯曾文正公家書　湯孝純注譯
新譯三字經　黃沛榮注譯
新譯百家姓　馬自毅等注譯
新譯幼學瓊林　馬自毅注譯
新譯增廣賢文・千字文　馬自毅注譯
新譯格言聯璧　馬自毅注譯

政事類

新譯商君書　貝遠辰注譯
新譯鹽鐵論　盧烈紅注譯
新譯貞觀政要　許道勳注譯

地志類

新譯山海經　楊錫彭注譯
新譯水經注　陳橋驛等注譯
新譯佛國記　楊維中注譯
新譯大唐西域記　陳　飛等注譯
新譯洛陽伽藍記　劉九洲注譯
新譯徐霞客遊記　黃　珅注譯
新譯東京夢華錄　嚴文儒注譯